JN005171

初歩と実用シリーズ

圧縮性流体の計測と制御

— 空気圧・ガス圧工学解析入門 —

香川利春

東京工業大学

蔡　茂林

北京航空航天大学

日本フルードパワーシステム学会創立50周年記念
日本フルードパワー工業会推薦

目 次　CONTENTS　　　　　　　　　　　　　　　　　　　　　○

はじめに

　空気圧の利用は古くはエジプトの時代に遡る。産業に用いられてから、多くの FA に利用され、センシングやアクチュエータとして広く活用されている。

　空気圧の特徴は空気の持つ圧縮性に起因する性質により発生し、また空気圧の利用方法も圧縮性を良くわきまえた扱いが他の油圧、水圧工学とは大きく相違する。本書は単に空気圧機器や空気圧システムを解説するのではなく、空気の圧縮性を考慮した解析的扱いについて述べるために、解析入門とした。

　1979 年の京都会議、さらに 2005 年の二酸化炭素排出量の総量規制、また 2008 年の経済危機を経験し、空気圧にも省エネが厳しく求められる時代となった。もともと空気圧の利用に際してはその消費量に注意を払う文化がなかった。空気圧アクチュエータの駆動に際しては、シリンダの機械体積に供給圧を乗じて消費流量を割り出すのみで、供給ラインのサイジングは近年に入ってからである。各種生産工場では圧縮機の消費電力の増大を懸念して空気圧供給圧力の低減を行い、現在では自動車産業で 0.4MPa 前後となっている。

　空気圧シリンダのメータアウト速度制御は空気の圧縮性を巧みに用い、特別な制御機器を用意せずに、空気圧絞りを空気圧シリンダの放出側に設置するのみで空気圧シリンダの速度に対する負荷の変動を補正する機能を有している。

　この空気圧絞りを変化させれば整定速度を容易に調整可能である。しかしながら、空気圧シリンダの放出側を絞り、圧力を故意に上昇させ、閉塞状態における圧力流量特性を利用するために、当然ながら空気圧エネルギーを余計に消費する。電動アクチュエータとのエネルギーの面で比較検討を行う今日、負荷率の過大な余裕を持たせる設計は出来なくなって来ている。シリンダのサイジングにも細心の注意が必要とされる。本書ではこの空気圧アクチュエータのメータアウト速度制御特性も詳細に解説する。

第1章

空気圧技術の概説

　本章では、まずは空気圧技術の定義を示す。次に、空気圧技術の由来、昔の空気圧利用例からその歴史を簡単に振返り、現在の応用形態とその応用分野、市場規模、主な技術指標を述べる。その後、機械・油圧・電気システムと比較しながら、構成や価格、出力パワー、メンテナンス、柔軟性などの視角から空気圧システムの特徴を説明する。

1.1　空気圧技術とは

　空気圧技術（Pneumatics）とは我々の身の周りに存在する空気を作動媒体とし、その状態変化と流体の流れを利用してエネルギーを変換・伝達する技術とのことである。

　空気圧技術に基づいて構成したシステムを空気圧システムと呼ぶ。大気環境を基準にとって空気圧システムを大別すると、正圧システムと負圧システムがある。正圧システムは、圧縮機で空気を圧縮し、配管を用いて圧縮空気を消費側に輸送して空気圧シリンダや空気圧工具などに供給し、圧縮空気から大気に対する相対的エネルギーを取り出してそれらの機器を機能させるものである。負圧システムは真空ポンプやエジェクタで真空を発生させ、吸盤を用いて生産ラインの部品などを吸着したりするものである。物を押す、引く、運ぶ、回す、掴むなどの人間の動作は殆どが空気圧システムで機械化できる。

　現在、空気圧技術は自動化・省力化に重要な技術として産業のあらゆる分野に普及しており、FA の一翼を担っている。

1.2　空気圧技術の歴史

　空気圧技術の利用は原始時代に遡る。狩猟用の吹き矢やエジプト時代の火を起こすふいごなどが利用の原点である。吹き矢とふいごは当時、人類の生存に大きな役割を果した立派な空気圧機器であった。

　多くの現代工業技術は歴史が百年をも超えないが、空気圧技術が原始時代に利用され始めたことの理由は空気が取得しやすく利用しやすいことにある。グリーンな空気をどこでもいつまでも得られることは今でも空気圧技術の最大の特長となっている。

　空気圧技術が産業に使用され始めたのは 18 世紀にヨーロッパで起こった産業革命である。1776 年にイギリスの実業家 John Wilkinson 氏

が約 1[bar] の圧縮空気を出力できる世界初の圧縮機を発明した。その後の 1850 年に Bartlett 氏が採鉱用蒸気ドリルを発明し、1880 年にウェスチングハウス社がシリンダ機構の車両用エアブレーキを製作した。

　20 世紀 30 年代から空気圧技術が車両の自動扉開閉装置や土木建設機器、各種機器の補助動作に利用され、少しずつ産業界に浸透して発展していったが、大規模の工業自動化がない限りその応用もそれほど多くなかった。

　20 世紀 70 年代に入ってから、自動車を始め一般産業の自動化が発展し始め、そのニーズに合わせて多くの空気圧機器が開発され、関連した基礎技術や応用技術も研究・検討され始めた。しかしながら、油圧技術が重工産業などの立ち上がりを伴って一歩先行したため、そのときの空気圧技術には油圧そのものの考え方や手法がそのまま継承されることが多く見られる。非圧縮性流体と圧縮性流体との違いがあるが、流体工学の中に作動媒体のみが異なる姉妹の存在であった。その時代から使われ始めた「油空圧」という言葉もこれを証言している。これを背景に、そのときの空気圧機器は油圧機器などの重工長大の特徴を一部類似し、サイズの面においても大きなものが大半であった。

　20 世紀 80 年代に入ると、多くの新材料が開発され、機械部品の加工技術やシール技術などが急速に発達し、さらに制御信号の伝送・処理に関連した電子業界が目覚しく進歩していたため、メカトロニクスのような複合製品が多く開発された。この時代の空気圧機器は小型化、高速化、低電力化、多機能化の方向に邁進しながら、フロースイッチや増圧弁、ブレーキ付シリンダ、シリアル伝送システムなどの新たな機器が多く開発された。今の各空気圧機器メーカーのカタログに掲載される機器の大半はこの時代に開発されたものである。それ以来、マニホールド式の電磁弁が普及し、空気圧機器は従来の油圧機器のような姿から変貌しつつあった。80 年代が空気圧技術の発達にとってもう一つ言及すべきことは空気圧機器の標準化事業が大きく推進され、JIS規格や工業会規格も多く作られたことである。これらの規格の制定は空気圧技術の更なる発展を大きく促進し、その後の空気圧機器の FAへの広範囲普及に貢献した。

　今から振り返ると、80 年代が空気圧技術の発達の中に最も重要な 10年と言っても過言ではないだろう。

　20世紀90年代以降の傾向としては半導体文化が開花し、いわゆるマイクロエレクトロニクスの時代に入った。半導体産業の激しい波動が空気圧機器産業にも波及し始めた。この時代の空気圧機器はさらにコンパクト化、省エネ化、情報化に進化した。チップや電子部品などの小物ワークを搬送するフィンガーシリンダなどの小型空気圧機器が多用されるようになり、接続ポートM5、φ4、φ6の小口径電磁弁も多く利用されてきた。特に、コンピュータの普及により、空気圧システムの設計手法は、実験によって得られたデータ線図にあてはめて空気圧シリンダ系の動作を予測する従来の方法から、空気圧シリンダ及び管路内の空気の運動方程式を同時に解くシミュレーションを利用してソフトウェアによる設計・機器選定が行われるようになった。1997年の地球温暖化防止京都会議以来、低コストや使いやすさを特長とした空気圧システムに対して、省エネの呼び声が高まってきて、空気圧システムを対象とした省エネ活動が多くの事業所で実施された。

　前述したように、空気圧技術が社会の発展の流れに乗って発展してきているが、今後もこの規律は変わらないだろう。

1.3　空気圧技術の現状

1.3.1　利用形態とその応用分野

　空気圧技術は空気の流体力学及び熱力学の性質を利用するものであるが、宇宙や航空領域の空気力学と違う。空気圧技術では空気の利用形態が主に以下の3項目に分類できる。

1）圧力の利用

　空気圧の利用として最も広いものである。正圧システムも負圧システムもその圧力が周囲環境の大気圧と違い、外部に対して仕事ができる。例えば、空気圧シリンダの片側のチャンバーに圧縮空気を供給すると、圧力差によってピストンを押し出して物を運んだり押したりすることができる。

　様々な空気圧アクチュエータは圧力を利用して作動している。空気圧シリンダ、ロータリーシリンダ、チャック、ドリルなどのアクチュエータは物を運ぶ、押す、引く、回す、掴むなどの作業で自動化・省力化に主役を果す。この利用形態は空気圧の発展を牽引して今に至る。

現在のアプリケーションの中に、9割以上がこの利用形態によるものである。

　空気圧アクチュエータの用途が広く、プレス機、抵抗溶接機、工作機械、建設機械、包装機械、自動扉開閉装置などに活躍している。最も数多く使用されているのは構造の簡単な空気圧シリンダである。空気圧シリンダは今、自動車、家電、IT、化学、印刷、服装、採鉱、建設、農業、食品、薬品、煙草などあらゆる産業に使用されている。

２）流れの利用

　空気の流れには様々な特性がある。それらを利用したアプリケーションを大別すると、次のようになる。

(1) エアブロー：流れを伴う運動エネルギーを利用して、部品の表面に付くごみの吹き除きや水切りなどの作業が工場の中に多く散在している。一部の工場では、エアブローによる空気消費量が空気圧シリンダを超え供給量の半分以上を占めている。工場以外、エアカーテンが建物の冷暖空気の遮断にも利用されている。

(2) 粉粒体の輸送：米や麦などの穀物、石炭、セメントなどの粉粒体をパイプ内の気流に乗せて輸送するものである。吸引式と圧送式があるが、いずれも気流を作り速いスピードで粉粒体を輸送する。化学プラントや発電所、食糧産業に多用されている。

(3) エアベアリング：圧縮空気を摺動面に吹き入れて摺動面の隙間に薄い空気の膜を形成させ、その摩擦力の非常に小さい特長を利用するものである。摩擦力が殆ど無視できるため、スムーズな運搬や位置決め制御は実現しやすくなる。半導体製造装置などの高精密製造・計測設備に応用されている。

(4) エアマイクロメータ：一定圧にされた空気を測定ヘッドのノズルから噴出した場合、ノズルの前にワークを置くと、ノズルと被測定物の隙間とノズルから流れ出す流量とが原則的に比例する範囲がある。その範囲を使用し、流量を流量計に示すことにより、寸法測定器として使えるようにしてしているのはエアマイクロメータである。エアマイクロメータは、流体力学の原理を巧みに応用した精密比較測定器で、内径寸法の測定など精密部品加工を必要とする分野に広く普及し、品質管理に、能率向上に最適の測定器として今日に至っている。

(5) 真空発生機構：真空エジェクタが代表のものであるが、非接触搬送

のパッドにも真空発生機構が利用されている。真空発生機構は主に2種類がある。一つはベルヌーイ法則を利用して圧力的エネルギーを運動エネルギーに変換させ、真空を発生させるものである。真空エジェクタはこのタイプのものである。近年にベルヌーイ法則に基づいて開発された非接触パッドが登場し、ガラスなどの非接触吸着に用いられた。もう一つは旋回流を生じ、遠心力を利用して真空を発生させるものである。旋回流によって生じた真空が低いため、ウエハーなどの軽いワークの搬送のみに適している。

3）圧縮性の利用

空気が圧縮性流体のため、その特性を生かしたアプリケーションが幾つかある。エアスプリングとエアクッションは代表的である。エアスプリングは車両のサスペンションや振動除去装置に多用されている。エアスプリングの固有周波数が低いため、高周波数の振動を自動的に除去できる。エアクッションは高速、重負荷の空気圧シリンダの標準装備としてピストンがストローク終端に着く際の衝撃を吸収できる。また、日常生活のドアの開閉にも活用されている。

前述した三つの利用形態には様々な応用が展開されており、空気圧技術は一般認識の単なる駆動技術ではなく、生産現場の機器設備から身の回りの施設まで様々な姿で現れており、我々の生活の向上に貢献している。

1.3.2 市場

20世紀70年代に油圧と空気圧製品の出荷額の比率が約9：1であったが、この30年間に空気圧市場が大きく成長してきて、今はその比率が約5：5となる。空気圧製品の単価が油圧製品より大きく下回るため、同じ出荷額であっても空気圧製品は出荷数量及び応用範囲で遥かに油圧製品を超えた。

2006年の空気圧製品の全世界の出荷額はおよそ150億アメリカドルに達した。ユーザーの分布を見ると、日本中心のアジア区域、米国中心のアメリカ区域、ドイツ中心のヨーロッパ区域が三大市場を形成した。知名の製品メーカーとしては、日本のSMC、ドイツのFesto、米国のParkerが挙げられる。

空気圧機器は独立の設備としての存在ではなく、各種の生産設備の

付属機器として生きている。したがって、空気圧製品はどこでもいつまでも設備の要求を満足しなければならなく、その品目がものすごい数に昇っている。SMC㈱の製品を例えると、今は基本品目が9100種類、型番が530000個に達した。

近年、新興市場の中国では空気圧製品の出荷額が毎年20〜30％の伸び率を世に見せている。空気圧製品の市場が既に飽和したというのはまだ早い。これからも空気圧技術はますます発展していく。

1.3.3 主な技術指標

30年以上の発展を経った今の空気圧製品・空気圧技術を語れる主な技術指標は

(1) コンパクト：薄型、超小型の製品が開発されつつある。幅6[mm]の電磁弁、内径2.5[mm]のシリンダ、M3の管継手などが既に登場した。

(2) 高精度：濾過度0.01[μm]のフィルタ、出力精度0.1％の圧力レギュレータ、位置決め精度0.1[mm]の空気圧サーボシステムが販売されている。

(3) 高応答：小型電磁弁の応答時間が5[ms]以下となった。

(4) 高速度：高速シリンダの最高速度が3[m/s]に達することができる。

(5) 高信頼性：電磁弁の寿命は3000万回、空気圧シリンダの寿命は2000[km]を超えている。

(6) 低電力：電磁弁の消費電力は1[W]以下のものが増えており、最低のものが0.1[W]に達する。

(7) 軽量：アルミ合金やプラスチックの新材料を用いることにより、製品の軽量化が図られる。重さ4[g]の電磁弁が開発された。

(8) オイルフリー：電磁弁や空気圧シリンダの摺動部にオイル潤滑が不要となり、食品や薬品、ITなどの清潔生産に適している。

(9) 機能複合化：通信機能を備えるフロースイッチなどの計測器や、シリアル通信ユニットと簡単に接続できるマニホールド式の電磁弁など、多くの機能を一体化・集約化したものが増えている。

1.4 空気圧技術の特徴

　空気圧システムは元々、安価、容易な操作とメンテナンス、清潔などの印象が付けられている。その特徴を詳しく分析してみると、その多くが空気の圧縮性に起因したことが分かる。以下に、空気圧技術の長所と短所をそれぞれ述べる。

1.4.1 長所

(1) クリーンな作動媒体：空気が無尽蔵であり、大気から自由に取れ、大気に自由に排出できる。環境への汚染がなく、戻り配管が不要となる。特に汚染を嫌う食品生産などの業界に適する。

(2) 過酷な環境に強い：粉塵が多く湿度が高い、爆発しやすい、輻射や強磁場がある、衝撃が大きいなどの過酷な環境でも、空気圧システムが安全かつ信頼的に動く。ほかの動力伝達方式と比べて特に防爆性に優れる。

(3) 可能な長距離輸送：空気の粘性が小さく、流れる際の損失が油圧と比べて遥かに少ないので、空気源の集中と長距離の輸送が可能である。

(4) 簡単な機器構成：空気圧機器は構造が簡単のため、操作及びメンテナンスがしやすく、機器のコストが安い。

(5) 容易な出力調整：空気の供給圧をレギュレータで調整するだけで、シリンダの出力を簡単にしかも無段階に調整できる。また、スピコンの開度を調節すれば、シリンダの速度を幅広く安定的に調整できる。特に、ほかの動力伝達方式より高速運動が得られやすい。

(6) エネルギーの蓄積：圧縮性を利用してエネルギーを蓄積し、短時間に釈放すると、高い速度と衝撃特性が得られる。小型の空気源でも一時的に大きな仕事をさせることができる。

(7) 力の保持に優位性：FA に多く存在する力の保持作業には空気圧システムが十分に適する。電磁弁を閉じるだけで、エネルギーを消費せずに力の保持ができる。

(8) 過負荷に平気：過負荷があっても、電気システムのような焼損がなく、リリーフ弁などが働くだけである。衝撃的な過負荷に対しては特に安全装置を必要としない。

(9) 十分な柔軟性：空気の圧縮性のため、アクチュエータが柔軟性を持

つ。自動扉開閉装置やパワーアシスタント装置などに活用され、故障があっても人間に受傷させることはない。

1.4.2 短所

(1) 困難な制御：空気圧システムの固有周波数が低く、また出力が小さく摩擦力の影響が相対的に大きくなるため、空気圧シリンダの途中停止、低速や微動などの制御がしにくい性格がある。

(2) 低効率：圧縮エネルギーが殆ど利用されていないため、駆動システム全体の効率が低く、ランニングコストが高い。しかしながら、機器自身の低コストやメンテナンス費用の減少などを考慮してトータルコストで評価すれば、空気圧システムの採用が全体のコストダウンに有利である。

1.4.3 ほかの動力伝達方式との比較

　空気圧システムは制御に不向きであるが、精度などをあまり要求しない自動化・省力化作業には優位性が大きい。機械、電気、油圧と比べると、表 1.1 のようなものがまとめられる。

表1.1　各種動力伝達方式の比較

比較項目	機械	電気	油圧	空気圧
機器価格	低	高	高	低
機器構造	普通	複雑	簡単	簡単
駆動力の 大きさ	やや中	やや中	高	中
駆動速度の大きさ	中	やや高	低	高
出力調整	困難	やや困難	容易	容易
速度調整	困難	普通	容易	容易
メンテナンス	簡単	困難	簡単	簡単
危険性	なし	漏電	爆発に要注意	なし
過負荷への対応	困難	困難	やや容易	容易
動力源故障時	停止	停止	停止	ある程度続く
遠隔操縦	困難	容易	容易	容易
位置決め精度	高	高	高	低
配管，配線	不要	簡単	複雑	やや複雑
温度の影響	少	大	中	少
湿度の影響	少	大	少	中
振動の影響	中	大	少	少

第2章

空気の基本性質

　本章では、空気圧の作動媒体である空気の基本性質について述べる。空気の組成や密度、状態表示、湿度、粘性などの性質を解説しながら、空気圧技術に常用される数値や各種表示単位の扱いと換算を表にまとめる。

2.1 空気の組成

　地球を 1000[km] の上空にわたって取り巻く気体を総称して "大気" といい、地表から約 15[km] の対流圏にある気体を "空気" という。

　空気は対流のため常に攪拌されているので、その組成がほとんど変わらず、窒素 N_2、酸素 O_2、アルゴン Ar、二酸化炭素 CO_2、ネオン Ne、キセノン Xe、ヘリウム He、クリプトン Kr などからなる混合ガスである。表 2.1 に示すように窒素と酸素は体積と質量の約 99% を占めており、その他の気体はすべて合わせても約 1% 程度である。

　表 2.1 に示したのは水分を含まない空気、いわゆる乾き空気の組成である。我々が呼吸している周囲の空気は、実際には水蒸気を含んだ湿り空気である。水蒸気の量は場所、時間、風速、温度によって著しく異なり、重量にして 0.02 〜 3% 程度である。空気の湿り程度を表すには湿度が使われる。

　水蒸気以外に、空気圧技術が利用されている工場環境では、油や塵埃などの不純物も空気に含まれている。これらは水蒸気とともに空気圧機器の作動不具合や配管の腐食などの原因の元となるため、現状ではエアドライヤやフィルタなどの空気圧清浄化機器によって除去されるのが殆どである。

表2.1 乾き空気の組成（0[℃]、1気圧）

気体	N_2	O_2	Ar	CO_2
体積百分率	78.09	20.95	0.93	0.03
質量百分率	75.53	23.14	1.28	0.05

2.2 空気の質量及び密度

　空気の体積が外部環境に依存して大きく変化するため、空気の質量を説明する際に、固体・液体と異なり体積ではなく、分子の数を用いる。1 モル（mol）の空気とは、12[g] の質量数 12 の炭素原子 (12C) の

中に含まれる原子の数（アボガドロ定数：6.02×10^{23}）と同じ数の単位粒子からなる空気の量をいう。アボガドロの法則によると、1モルの気体の体積は気体の種類によらず一定であり、基準状態（0[℃]、1気圧）では22.4[dm³] となっている。基準状態で体積22.4[dm³] の乾き空気の質量を測ると、1モルの空気の質量は28.96[g] であることが分かる。この値28.96を空気の分子量とも呼んでいる。

　前記した1モルの空気の質量をその体積で割ると、基準状態における乾き空気の密度は

$$\rho_0 = \frac{m}{V} = \frac{28.96}{22.4} = 1.293 \quad [\text{g/dm}^3] \, \text{or} \, [\text{kg/m}^3] \qquad \cdots\cdots (2.1)$$

と求まる。

　1モルの乾き空気は質量が一定であるが、その体積が温度や圧力によって変化する。それらの関係は空気の状態変化のところで詳しく述べるが、ここに任意の温度 θ[K]、絶対圧力 P[kPa] に対する乾き空気の密度の計算式を下記に示す。

$$\rho = \rho_0 \cdot \frac{273}{273 + \theta} \cdot \frac{P}{101.3} \quad [\text{kg/m}^3] \qquad \cdots\cdots (2.2)$$

　湿り空気の場合には、その相対湿度を ϕ、水蒸気の飽和圧力を P_s [kPa] とすると（2.4節参照）、その密度は

$$\rho = \rho_0 \cdot \frac{273}{273 + \theta} \cdot \frac{P - 0.377 \cdot \phi \cdot P_s}{101.3} \quad [\text{kg/m}^3] \qquad \cdots\cdots (2.3)$$

から求められる。

2.3　空気の状態表示

　空気の状態表示には、圧力、温度及び体積が基本状態量として使用されている。この三つの基本状態量は各自に独立したものであり、三者が決まれば空気の状態や量も決まる。

2.3.1　圧力

1）圧力とは

　空気は気体であるため、分子が密に接している固体や液体と異なり、分子間の距離が大きく分子の平均直径の約9倍に当たり、隣の分子と

の間に引力はほとんど働かない。こうした分子は上下、左右、前後に激しく運動し、分子同士が衝突したり壁にぶつかったりというように不規則な運動をしている。

　空気の中に壁を入れると、分子が壁と衝突し、その運動量の変化によって、壁が力を受けることになる。大量の分子が連続して壁を衝突すると、壁に及ぼす力の統計値が一定となる。単位面積あたりのこの力を圧力と呼ぶ。

　空気を圧縮すると、空気の体積が小さくなり単位体積あたりの分子の数が増え、分子の衝突回数が増加するので、圧力が上昇することになる。

2）大気圧

　大気圧とは我々の周囲にある大気の絶対圧力のことである。大気圧は海面からの高さ、地域、気象によって変化している。海面から高いほど、空気が希薄となっていくため大気圧が低い。季節や天気が変わると、大気圧が影響を受けて微小に変動する。この変動は天気の前兆をよく表すものとして天気予報のために捉えられている。

　1643 年にイタリア学者の E.Torrieili が初めて大気圧を計測したことは既に周知のことである。現在、その計測結果 [760mmHg] は標準大気圧とされている。標準大気圧の常用表示を表 2.2 に示す。実際の大気圧は気圧計で計測できる。

表2.2　標準大気圧の常用表示

標	1	atm　（気圧）
準	760	mmHg
大	101.3	kPa
気	1.033	kgf/cm^2
圧	1013	mbar

3）圧力の表示

　完全な真空状態の場合、空間に分子がないので、圧力は生じない。この完全な真空状態を零基準にした圧力は絶対圧力と呼ばれている。工業上では普通の圧力計で直接測定されているのは周りの大気圧を零基準にとった相対圧力であり、ゲージ圧力と呼ばれている。理論的計算の場合には絶対圧力が用いられているが、エンジニアや計測の場合

にはゲージ圧力の使用がほとんどである。大気圧より低い圧力を負圧という。それらの関係を図 2.1 に表す。

SI 単位系では圧力の単位は Pa である。単位 Pa があまりに小さいため、常用されるのは kPa と MPa である。一般に、Pa(abs) として絶対圧力を、Pa(G) としてゲージ圧力を明記する。表 2.3 は各種圧力単位の換算表である。圧力の表示記号は P または p である。大気圧は通常、P_a または p_a で表示される。

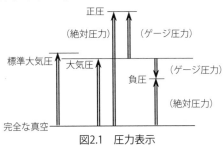

図2.1　圧力表示

表2.3　圧力単位の換算表

単位	Pa	kgf/cm^2	bar	atm	psi = ibf/inch^2	mmHg = Torr	mmAq = mmH$_2$O
1 Pa		1.020E-5	1E-5	9.869E-6	1.450E-4	7.500E-3	0.1020
1 kgf/cm^2	9.807E4		0.9807	0.9678	14.22	735.6	1E4
1 bar	1E5	1.020		0.9869	14.50	750.0	1.020E4
1 atm	1.013E5	1.033	1.013		14.70	760.0	1.033E5
1 psi	6895	7.031E-2	6.895E-2	6.805E-2		51.71	703.1
1 mmHg	133.3	1.360E-3	1.333E-3	1.316E-3	1.934E-2		13.60
1 mmAq	9.807	1E-4	9.807E-5	9.678E-5	1.422E-3	7.356E-2	

2.3.2 温度

空気における大量の分子が盛んに不規則な運動をし、その運動エネルギーは熱エネルギーにほかならない。空気の温度はこの分子運動の活発さを表すものであり、温度が高くになるにつれて分子の運動が活発していく。

温度表示には絶対温度、摂氏温度と華氏温度の 3 種類がある。それぞれの温度表示の単位と相互換算を表 2.4 に示す。

絶対温度は物理化学の分野で熱力学により定義された客観温度尺度

で、絶対零度というのは、分子の運動が無い状態、最低エネルギー状態を表す。理論的計算には一般に絶対温度が使用される。空気圧でも例外ではない。

　摂氏温度と華氏温度は日常的に使われるものであり、直接計測できる。日本では、摂氏温度だけしか日常的に使わないが、欧米では、摂氏温度と並んで華氏温度が日常的によく使われている。

　通常、温度の表示記号において、絶対温度は T または θ、摂氏温度は t または θ、華氏温度は t_F である。

表2.4　温度表示単位及び換算

表示	単位	換算式
摂氏温度	℃	
絶対温度	K[1]	＝摂氏温度＋ 273.15
華氏温度	F	＝1.8×摂氏温度＋32

1): Kelvin（ケルビン）の頭文字

2.3.3 体積

　空気の量を表示する際、体積は分子数や質量より分かりやすいためよく使われている。例えば、空気消費量や空気流量の表示では一般に体積が使われている。しかしながら、空気は分子相互間の力の弱い圧縮性流体であるので、その体積が温度、圧力によって容易に変化する。そのため、空気の体積を表示する際、温度と圧力の併記が必要である。通常、工業上では温度と圧力を予め決めた基準状態か標準状態に換算した体積を使う。両状態の定義や体積の換算方法は 2.3.4 で述べる。体積の表示記号は V である。

2.3.4 基準状態と標準状態

　基準状態（Normal Temperature & Pressure）、標準状態（ISO に準拠すると、Standard Reference Atmosphere をいう）の定義とそれらの状態における空気の密度を表 2.5 に示す。

　日本国内では、基準状態が流量の表記によく使われている。Nl/min（ノルマルリッターパーミニ）や Nm³/h（ノルマルリッポウメートルパー

アワー）のノルマル（normal）表記が従来から流量計や空気圧機器の仕様などに使われてきており、その換算状態は0[℃]の基準状態である。そのため、基準状態はノルマル状態とも呼ばれる。ノルマル表記した流量をノルマル流量と呼んでいる。

　ノルマル表記におけるNが力の単位のニュートンと間違えることが考えられるので、新計量法（2001年）では、Nl/min、Nm³/hをそれぞれl/min(normal)または(nor)、m³/h(normal)または(nor)に変更するように規定した。一部の流量計メーカーではl/min(ntp)、m³/h(ntp)のような表記も使われている。物理学や一部の業界では上記した基準状態（NTP）を標準状態と呼ぶこともあり、注意を要する。

　標準状態は従来、日本国内では、温度20[℃]、絶対圧力101.3[kPa]、相対湿度65%という状態、欧米では、華氏温度62[deg F]（摂氏温度16.7[℃]）、絶対圧力14.7[psi]（101.3[kPa]）、相対湿度65%という状態として使われ、その表記がSTP（Standard Temperature & Pressure）とされていた。しかしながら、1990年以来、ISO 8778をはじめ、ISO 2787、ISO 6358に、表2.5に示した新たな標準状態は採用され、英文名がStandard Reference Atmosphereと統一され、表記がANRとされてきた。

表2.5　基準状態と標準状態

状態		基準状態	標準状態[1]	
			ISO	日本国内
状態	温度[℃]	0	20	20
	絶対圧力[kPa]	101.3	100	101.3
	相対湿度	0%	65%	65%
表記		NTP[2]	ANR[3]	STP[4]
密度[kg/m³]		1.293	1.185	1.200

1)：絶対圧力は、ISOでは100[kPa]と定められているが、日本国内では101.3[kPa]となっている。体積や体積流量の単位の末尾に（ANR）の添字を記載する場合、ISOに準拠する必要がある。

2)：Normal Temperature & Pressure の略称として一般に使われている。

3)：Atomosphere Normale de Reference の略称として ISO 8778 に定められている。

4)：Standard Temperature & Pressure の略称として一般に使われている。

現在、日本国内では、表記 ANR は絶対圧力 100[kPa]、表記 STP は絶対圧力 101.3[kPa] の標準状態を指すので、注意を要する。

ISO 標準状態に換算した体積や体積流量を表記する際、その単位の末尾に（ANR）を付記する。例えば、m³(ANR)、l/min(ANR) や m³/h(ANR) などがある。

ライン状況下での絶対温度を θ[K]、圧力を P[kPa]、体積を V[m³] とすると、基準状態における体積 V_{NTP}、標準状態（ANR）における体積 V_{ANR} は下記の式によって換算できる。

$$V_{NTP} = V \cdot \frac{P}{101.3} \cdot \frac{273}{\theta} \quad [\text{m}^3(\text{normal})] \qquad \cdots\cdots (2.4)$$

$$V_{ANR} = V \cdot \frac{P}{100} \cdot \frac{293}{\theta} \quad [\text{m}^3(\text{ANR})] \qquad \cdots\cdots (2.5)$$

体積流量については体積と同様に前記した式を用いて換算を行うことができる。

2.4　空気中の水分

完全に水分を含まない空気を乾き空気といい、水分を含む空気を湿り空気という。湿り空気は実に乾き空気と水蒸気との混合気体である。普通の大気はこの湿り空気である。

2.4.1 飽和水蒸気量と飽和水蒸気圧

空気中に含有できる水蒸気は温度によって限界があり、その限界を超えると飽和となり、液化しドレンとなる。このとき、飽和した湿り空気を飽和空気といい、飽和した状態を飽和状態という。

飽和空気に含まれる水蒸気の量、すなわち空気中に水蒸気として存在する水分の最大の量を飽和水蒸気量という。通常、飽和水蒸気量は単位体積あたりの水蒸気の質量 [g/m³] で表示される。その表示記号は r_s である。

前述したように、湿り空気は乾き空気と水蒸気との混合気体であり、完全気体とみなせる。「混合気体の圧力（全圧）が各気体の分圧の和に等しい」というドルトン（Dalton）の法則によると、湿り空気の圧力は乾き空気による分圧と水蒸気による分圧の和である。

　飽和状態にあるとき、水蒸気の分圧を飽和水蒸気圧と呼ぶ。飽和水蒸気圧を記号 P_s で表すと、下記の式が成立する。

$$P = P_a + P_s \qquad \cdots\cdots (2.6)$$

　ただし、P は飽和空気の圧力、P_a は乾き空気の分圧、P_s は飽和水蒸気圧である。

　水蒸気は完全気体とみなしても差し支えないため、後で述べる完全気体の状態方程式が適用できる。

$$P_s = r_s R_s \theta \qquad \cdots\cdots (2.7)$$

　ただし、Rs は水蒸気のガス定数で、461.5[J/(kg・K)] となっている。飽和水蒸気圧 Ps は空気の圧力と関係なく、温度のみに依存しており、温度だけの関数で表される。したがって、式 (2.7) から、飽和水蒸気量 rs も空気の温度のみに依存することになる。すなわち一定体積中に含有できる水蒸気の量は空気圧力の高低と関係なく、温度のみに決められている。例えば、同じ室温、同じ体積の場合、大気にも圧力 500[kPa(G)] の圧縮空気にも、含有できる水蒸気の量は一定である。そのため、一定の大気圧の空気を圧縮するとその体積が小さくなり、余分の水分が凝縮することが容易に理解できる。飽和水蒸気圧は通常の計算には使われないので、ここに、飽和水蒸気量のみを表 2.6 に示す。

表2.6　飽和水蒸気量

θ [℃]	r_s [g/m³]	θ [℃]	r_s [g/m³]	θ [℃]	r_s [g/m³]
-50	0.060	10	9.40	45	65.3
-40	0.172	15	12.8	50	82.9
-30	0.448	20	17.3	55	104.2
-20	1.067	25	23.0	60	129.8
-10	2.25	30	30.3	70	197.0
0	4.85	35	39.5	80	290.8
5	6.80	40	51.0	90	420.1

2.4.2 絶対湿度と相対湿度

　湿り空気の中に水蒸気の量がどれぐらい含まれているかを湿度で表す。湿度を表すには、絶対湿度と相対湿度がある。絶対湿度は、次式で定義される。

$$X = \frac{湿り空気中の水蒸気の量}{湿り空気中の乾き空気の量} \text{ [g/g]} \qquad \cdots\cdots (2.8)$$

温度を変化させても凝縮しない限りに、絶対湿度は変わらない。

相対湿度は、湿り空気中にある水蒸気の量や水蒸気の分圧が飽和状態に対してどの程度にあるかの度合いを表すもので、次式によって定義される。

$$\phi = \frac{湿り空気中の水蒸気の量}{飽和水蒸気量} \times 100\% \quad [\%]$$

$$= \frac{湿り空気中の水蒸気の分圧}{飽和水蒸気圧} \times 100\% \quad [\%]$$

$$\cdots\cdots (2.9)$$

ϕ の値は $0 \sim 100\%$ である。$\phi = 0\%$ のときは完全な乾き空気、$\phi = 100\%$ のときは飽和空気を意味する。温度が上がると飽和水蒸気量が増えるため、空気中の水蒸気の量が同じでも、温度の上昇にしたがってその相対湿度が減少する。

実用上では相対湿度のほうが便利なので、相対湿度は多用されている。一般に"湿度何%"というのは相対湿度を指す。日本国内での年間の湿度平均は地方により多少の差はあるが、約75%である。

2.4.3 ドレンの発生

1）ドレンの発生原理

式 (2.7) によって、湿り空気は下記のことをされると、相対湿度が上昇し飽和状態に近付く。

①圧縮

一定の湿り空気を圧縮すると、その中に含まれた水蒸気の量が変わらないにもかかわらず、空気の体積が小さくなるため、単位体積あたりの水蒸気の量が増加し、相対湿度が高くなる。

②冷却

温度を下げていくと、表 2.6 に示したように飽和水蒸気量が減るため、相対湿度が上昇する。

相対湿度が 100% までに上昇すると、湿り空気は飽和空気となり、更に圧縮または冷却をすると、飽和水蒸気量を超えた水蒸気は空気中に気体として存在できず、凝縮してドレンとなる。

2）露点

通常、エアドライヤなどの空気圧機器の仕様には出口空気の露点が標記される。露点は相対湿度と同様に、空気の湿り程度、或いは乾燥

程度を表すものである。

　露点とは、一定の圧力下で温度を下げていくと、湿り空気が飽和状態となり凝縮し始める温度とのことである。露点が低いほど、凝縮が発生しにくいため、空気が乾燥していると考えても良い。

　露点には加圧露点と大気圧露点の2種類がある。加圧露点とは、加圧状態下での凝縮し始める温度で、大気圧露点とは圧縮空気を大気圧までに膨張させた後、大気圧下での凝縮し始める温度である。例えば、ある湿り空気は 500[kPa(G)] の圧力下での加圧露点が 15[℃] の場合、その大気圧露点は -10[℃] である。言い換えると、同じ湿り空気は、加圧下では 15[℃] まで、大気圧に膨張させると -10[℃] までは凝縮しないことを意味する。

　加圧露点を表記するときに圧力の併記は必要である。大気圧露点は圧力の併記を要しない。そのため、使いやすい大気圧露点のほうが湿り空気の乾燥程度の指標として空気圧機器の仕様などに一般的に使用されている。

　二つの露点は相互に換算できる。湿り空気の大気圧露点がわかれば、その露点温度での飽和水蒸気量 r_{sa} が調べられる。加圧状態にすると、体積が縮小するため、このときの飽和水蒸気量 r_{sp} は

$$r_{sp} = r_{sa} \cdot \frac{V_{sa}}{V_{sp}} = r_{sa} \cdot \frac{P_p \theta_{sa}}{P_a \theta_{sp}} \qquad \cdots\cdots (2.10)$$

となる。ここに、下付添字 sa は大気圧下での飽和状態、下付添字 sp は加圧下での飽和状態、P_p は加圧下での絶対圧力、P_a は大気圧を表す。式 (2.7) と連立すると、以下の式が得られる。

$$P_{sp} = P_{sa} \cdot \frac{P_p}{P_a} \qquad \cdots\cdots (2.11)$$

　加圧下での飽和水蒸気圧が決まれば、その露点を知ることができる。大気圧露点と加圧露点の換算を図 2.3 に示す。

3）ドレン量の計算

　空気圧縮機で圧縮空気を作るときに、大気から空気を吸い込み、大気圧の数倍の圧力まで空気を圧縮する。その同時、大気中の水蒸気も吸い込まれるので、圧縮空気の中には多量の水蒸気が含まれている。例えば、700[kPa(G)] の圧縮空気を作る場合、その中に含まれた水蒸気の量は大気中の 8 倍になる。

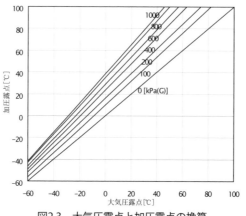

図2.3　大気圧露点と加圧露点の換算

　実際の圧縮過程が断熱変化に近いため、圧縮直後の圧縮空気は温度が非常に高い。前述したように温度が高くなるにつれて飽和水蒸気量が激しく増加することから、圧縮空気に含有できる水蒸気の量も大きい。こうした高温かつ高水分の空気は圧縮機内部のインタークーラー、その直後のアフタークーラーやエアドライヤなどを通過し、温度が大気温度以下になるまで冷却される。温度が下がると、飽和水蒸気量が減少するため、それを超えた水蒸気は凝縮し大量のドレンが発生する。発生するドレンの量は次式で求められる。

$$m_d = V_1 r_{s1} \phi - V_2 r_{s2} \times 100\%$$
$$= V_1 \left(r_{s1}\phi - r_{s2} \cdot \frac{P_1 \theta_2}{P_2 \theta_1} \right)$$

$\cdots\cdots$ (2.12)

ただし、　m_d：ドレン発生量　　　　　　　　　[g]
　　　　　r_{s1}：初期状態の飽和水蒸気量　　　[g/m³]
　　　　　V_1：初期状態の体積　　　　　　　[m³]
　　　　　ϕ：初期状態の相対湿度　　　　　[-]
　　　　　r_{s2}：圧縮冷却後の飽和水蒸気量　[g/m³]
　　　　　V_2：圧縮冷却後の体積　　　　　　[m³]
　　　　　P_1：初期状態の絶対圧力　　　　　[kPa]
　　　　　P_2：圧縮冷却後の絶対圧力　　　　[kPa]
　　　　　θ_1：初期状態の温度　　　　　　　[K]

θ_2：圧縮冷却後の温度　　　　[K]

式の右側にある第 1 項 $V_1 r_{s1} \phi$ は初期状態の空気に含まれた水蒸気の質量、第 2 項 $V_2 r_{s2} \times 100\%$ は圧縮冷却後の空気に含まれた水蒸気の質量である。圧縮冷却後の空気は飽和空気であるため、その相対湿度は 100% である。

図 2.4 に示した体積 V_1 と V_2 間の換算式は空気の状態変化のところで詳しく述べる。

圧縮冷却後、空気は飽和となるため、エアドライヤ以後の配管や機器で温度がさらに低下すると、ドレンが発生する。したがって、実際にはそれを想定して予めエアドライヤで圧縮空気の温度をそれ以下に下げ、前もって水蒸気を除去することを実施している。現在、市販されている冷凍式エアドライヤの中には、加圧露点 5[℃] 前後のものが多い。

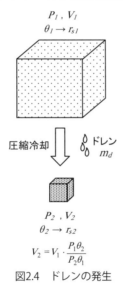

$$V_2 = V_1 \cdot \frac{P_1 \theta_2}{P_2 \theta_1}$$

図2.4　ドレンの発生

2.5　空気の粘度

粘性というものは流体の性質の一つとして周知されている。あらゆる流体には粘性がある。空気といえども例外ではない。

2.5.1 粘性とは

流れている流体において、互いに接している層の間にずれが起これ

ば摩擦が生じる。これを流体摩擦という。粘性とは、隣接する空気に速度差（速度勾配）があるときに、そのずれを妨げようとして摩擦力を生ずる性質のことである。隙間からの空気の漏れや、絞りからの空気の流量を考える際、粘性は重要な要素となる。

2.5.2 粘性係数と動粘性係数

　粘性が生じる分子的なメカニズムは複雑であるが、定性的には、空気のある部分が受ける粘性による力は、その表面積と速度勾配の両方にほぼ比例すると考えられている。

　図 2.5 に示すように平行した下の壁と上の板の間に、空気が入っている。上の板は右方向に水平に移動している。空気の粘性のため、空気の速度は、上の板のところでは板と同一の速度となり、下の壁に近づくにつれて減少し、壁のところでは零になる。板と壁の間には速度分布がある。上の層は下の層より速度が速いから、下の層を右方向に引っ張ることになる。この引張力は

$$F = A\tau = A\mu \cdot \frac{du}{dy}$$

　　　　　　　　　　　　　　　　　　　　　　　　　　・・・・・・ (2.13)

ただし、　A：引張力を受ける層の面積　　　[m^2]

　　　　　τ：粘性による摩擦応力　　　　　[Pa]

　　　　　μ：空気の粘性係数　　　　　　　[Pa・s]

　　　　　$\dfrac{du}{dy}$：速度勾配　　　　　　　　　　[s^{-1}]

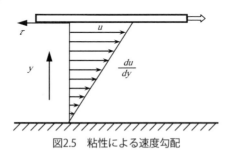

図2.5　粘性による速度勾配

　一方、下の層も上の層を逆方向に引っ張っている。空気の粘性係数が大きいほど、この引張力が大きい。液体が空気より流れにくいことは液体の粘性係数が遥かに大きいためである。

　空気の粘性係数 μ は Sutherland の式によって温度のみの関数となり、圧力に影響されない。任意の温度 t [℃] における空気の粘性係数は次式より求まる。

$$\mu = \mu_0 \times \frac{384}{384+t} \times \left(\frac{273+t}{273}\right)^{1.5} \qquad [\text{Pa}\cdot\text{s}] \qquad \cdots\cdots (2.14)$$

　ここに、μ_0 は 0[℃] 時の空気の粘性係数である。式 (2.13) から、空気は温度が上昇するほど、粘性係数が大きく、粘性摩擦が増える。これは液体と逆の傾向を示す。液体の粘性は温度の上昇にしたがって低下する。

　粘性係数 μ を空気の密度 ρ で割ったものを動粘性係数といい、次の式で表す。

$$\nu = \frac{\mu}{\rho} \qquad\qquad \cdots\cdots (2.15)$$

　動粘性係数は、液体の場合は温度のみの関数とみてよいが、空気の場合は密度が圧力によって変化するので、温度のみではなく、圧力にも左右される。

　常用温度範囲における粘性係数と動粘性係数を表 2.7 に示す。

表2.7　大気圧下での乾き空気の粘性係数
及び動粘性係数

温度 [℃]	粘性係数 $\times 10^{-5}$[Pa·s]	密度 [kg/m³]	動粘性係数 $\times 10^{-5}$[m²/s]
-50	1.46	1.584	0.92
-25	1.59	1.424	1.12
0	1.71	1.293	1.32
25	1.82	1.184	1.54
50	1.93	1.093	1.77
75	2.05	1.014	2.02
100	2.16	0.946	2.28

2.6　主な気体の物性値

以下に主な気体の物性値を示す。

表2.8　101.3kPa，20℃における主な気体の物性値

気体名	化学式	分子量 $[-]$	ガス定数 R $\left[\dfrac{J}{kg \cdot K}\right]$	密　度 ρ $\left[\dfrac{kg}{m^3}\right]$	定圧比熱 c_p $\left[\dfrac{J}{kg \cdot K}\right]$	定容比熱 c_v $\left[\dfrac{J}{kg \cdot K}\right]$	比熱比 κ $[-]$	粘　度 μ $[Pa \cdot s]$ $\times 10^{-6}$	動粘度 ν $\left[\dfrac{m^2}{s}\right]$ $\times 10^{-6}$
空　気	—	28.967	287.03	1.204	1 007	720	1.40	18.1	15.0
二酸化炭素	CO_2	44.009 8	188.92	1.839	847	658	1.29	14.8	8.05
ヘリウム	He	4.002 6	2 077.2	0.166 4	5 197	3 120	1.67	19.5	117
水　素	H_2	2.015 8	4 124.6	0.083 8	14 288	10 162	1.41	8.80	105
窒　素	N_2	28.013 4	296.80	1.165	1 041	743	1.40	17.5	15.0
酸　素	O_2	31.998 8	259.83	1.331	919	658	1.40	20.3	15.2
メタン	CH_4	16.042 6	518.27	0.668 2	2 226	1 702	1.31	10.9	16.3

第3章

空気圧における熱力学

　本章では、空気圧技術によくある状態換算をめぐり、熱力学の理論に基づいて空気圧に関連する空気の熱力学的性質について述べる。空気の状態方程式やエネルギーの保存、比熱、状態変化、圧縮性などを取り上げて詳しく解説しながら、日常に使われている状態換算式を表にまとめる。

3.1　空気の状態方程式

　前章で空気の状態表示を述べたが、圧力、温度、体積は空気の三つの基本状態量である。量を一定にした空気の場合、この三つの基本状態量の間には一定の関係があり、二つの状態量が決まれば、残りの一つは必然的に決まる。この関係は空気に限らず、水素や酸素などの一般の気体にも適用する。

　この三つの状態量の関係を表す式を状態方程式という。完全気体の状態方程式を述べる前に、そのベースとなったボイル・シャルル（Boyle・Charles）の法則を説明する。

　空気を取り扱う際、状態方程式は非常に重要なもので、空気の性質を把握するための基本式と言ってもよい。

3.1.1 ボイル・シャルルの法則

1）ボイルの法則

　一定量の気体を対象にして、温度を一定にして準静的に圧縮または膨張させる。ここに、準静的とは極めて小さな体積変化をさせ、平衡状態になってからさらに前記の過程を繰り返すことである。実験上では厳密な等温変化の実現は不可能なので、こうした準静的等温変化は用いられ、等温変化とみなせる。こうすると、気体の圧力 P と体積 V は、圧力が小さい範囲では次の式が成り立つ。

$$PV = \text{const} \qquad\qquad \cdots\cdots (3.1)$$

すなわち下記の法則が得られる。

ボイルの法則：「温度が一定であれば、一定量の気体の圧力と体積との
　　　　　　　積は常に一定である」。

2）シャルルの法則

　気体の圧力を一定に保ちながら温度を上昇させると、体積が増加す

る。実験によって、体積の増加は温度に比例し、膨張率、即ち温度 θ が 1[℃] 上昇したときの体積の膨張の割合は温度によってほとんど変化しない。0[℃] のときの気体の体積を V_0 で表すと、

$$\frac{\Delta V}{V_0} = \frac{\Delta \theta}{273.15} \qquad \cdots\cdots (3.2)$$

の関係式は圧力の小さいときには成り立つ。$\Delta V = V - V_0$ と $\Delta \theta = \theta - \theta_0$ を式 (3.2) に代入して整理すると、

$$\frac{V}{\theta} = \frac{V_0}{\theta_0} = \mathrm{const} \qquad \cdots\cdots (3.3)$$

となる。すなわち下記の法則が得られる。

シャルルの法則：「圧力が一定ならば、一定量の気体の体積とその絶対温度との比は常に一定である」。

3）ボイル・シャルルの法則

　前述したように、温度一定の条件下ではボイルの法則が成立し、圧力一定の条件下ではシャルルの法則が成立するが、温度と圧力がともに変化する場合の体積変化を知るには、これらの法則を一つにまとめなければならない。この法則をボイル・シャルルの法則という。

ボイル・シャルルの法則：「一定量の気体の体積は、圧力に反比例し絶対温度に正比例する」。

$$\frac{PV}{\theta} = \mathrm{const} \qquad \cdots\cdots (3.4)$$

式 (3.4) をボイル・シャルルの式という。右側の定数は気体の量と種類によって決まる。

3.2　完全気体の状態方程式

　ボイル・シャルルの式で体積を単位質量当たりの体積、すなわち比体積 $V_0[\mathrm{m^3/kg}]$ で表すと、式 (3.4) は次のように書くことができる。

$$\frac{PV_0}{\theta} = R \qquad \cdots\cdots (3.5)$$

ただし、R は気体の種類による定数で、ガス定数と呼ばれる。気体の質量を m で表すと、式 (3.5) は次の形式となる。

$$PV = mR\theta \qquad \cdots\cdots (3.6)$$

　このような関係を満たす気体を完全気体（Perfect Gas）といい、式(3.6)を完全気体の状態方程式と呼ぶ。完全気体は分子間の相互作用を無視できる仮想の気体で、実際に存在しない。実在の気体では、高温・低圧のときにこれに近い。低温・高圧になるにつれ分子間の作用力が無視できなくなって、式(3.6)からのずれが大きくなる。温度0[℃]、圧力2[MPa(G)]の空気の場合、前記した完全気体の状態方程式の誤差は1%程度である。空気圧における空気はほとんど、常温、低圧の範囲で使われているので、完全気体とみなしても差し支えない。したがって、式(3.7)は一般に、空気の状態方程式としても使われている。

　空気のガス定数については、基準状態（NTP）における1モルの空気の圧力と比体積、絶対温度を式(3.5)に代入すると、そのRが求まる。

$$R = \frac{PV}{\theta} = \frac{101300 \times 22.4 \div 28.96}{273} = 287 \quad [\mathrm{J/(kg \cdot K)}] \qquad \cdots\cdots (3.7)$$

3.3　空気のエネルギー保存

3.3.1 空気が保有するエネルギー

　空気はほかの流体と同様に、自身が保有するエネルギーは以下の三つがある。

①内部エネルギー（internal energy）

$$E_i = mC_v\theta \qquad\qquad\qquad \cdots\cdots (3.8)$$

　内部エネルギーの物理意味、計算式および定積比熱C_Vは次の3.3.2節で詳しく説明する。

②運動エネルギー（kinetic energy）

$$E_k = \frac{1}{2}mu^2 \qquad\qquad\qquad \cdots\cdots (3.9)$$

　ただし、uは空気が流動するときの平均速度である。静止している空気は運動エネルギーがゼロとなる。

③ポテンシャルエネルギー（potential energy）

$$E_g = mgz \qquad\qquad\qquad\qquad \cdots\cdots (3.10)$$

　ただし、gは重力加速度、zは基準に基づいた相対高さである。

　この三つのエネルギーの割合を説明するために、一つの計算例を表 3.1 に示す。表 3.1 に示したように、空気が保有するエネルギーの 9 割以上は内部エネルギーである。ポテンシャルエネルギーは極めて大きな空間で移動しない限り、ほとんど考慮する必要がない。一方、運動エネルギーは空気がオリフィスを通過する際の高速な流動の場合には無視できないが、配管内での流動の場合には無視しても差し支えない。

表3.1　空気が保有するエネルギー
（質量＝1[kg]）

項目	条件	数値	割合
E_i	温度 20[℃]	210.5[kJ]	97.63%
E_k	平均速度 100[m/s]	5.0[kJ]	2.32%
E_g	相対高さ 10m	0.1[kJ]	0.05%

3.3.2 内部エネルギーと定積比熱

　第 2 章で述べたように、空気の気体分子が常に激しく不規則な分子運動をしており、その分子運動エネルギーを内部エネルギーという。
　一定容器に密封された空気に熱を与えると、それがすべて内部エネルギーに変わる。ジュール・トムソン（Joule − Thomson）の法則によると、単位質量の気体の内部エネルギーは容積に無関係であって、単に温度のみに比例する。
　図 3.1 に示すように、容積一定の容器に密封した単位質量の空気の温度を 1[K] 上昇させるのに必要な熱量を C_v とし、温度 0[K] の内部エネルギーを基準にすると、その内部エネルギーは

$$e_i = C_v \theta$$

$$\cdots\cdots (3.11)$$

で表すことができる。ここに、θ は空気の絶対温度である。C_v は容積一定時の比熱を表すため、定積比熱（specific heat at constant volume）と呼ばれる。質量 m の空気の内部エネルギーは

$$U = me_i = mC_v \theta$$

$$\cdots\cdots (3.12)$$

となる。完全気体とみなした場合の空気の定積比熱 C_v は 718[J/(kg・K)]

である。

図3.1　等容比熱Cv

3.3.3 エンタルピと定圧比熱

　図 3.2 に示すように、圧力 P の圧縮空気は配管内で流れている。途中の断面 I を観察すると、体積 V の圧縮空気が通過すると同時に、下流側の空気に対して PV の押し込み仕事をしている。いわゆる、圧力 P、体積 V の圧縮空気が移動するごとに PV の力学的エネルギーが下流に伝達される。このエネルギーを伝達エネルギーと呼ぶ。流体さえあれば、伝達エネルギーが伝えられる。

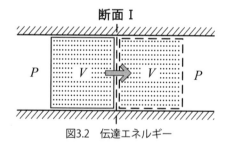

図3.2　伝達エネルギー

　伝達エネルギーはしばしば、流体自身のエネルギーと誤解されているが、流体が固有なものとして保有するエネルギーではなく、流体が上流側から力学的エネルギーを受けながら、そのまま下流側に伝えるものである。流れが起こらなければ、伝達エネルギーを考える必要がない。例えば、液体の場合、上流側の供給を遮断すると、液体が流れなくなり、その伝達エネルギーもなくなる。

　流れる流体を取り扱う場合は、流体の持ち込むエネルギーは常に流体の内部エネルギーと伝達エネルギーの和として現れるので、この和

を次のように一つの記号で表すのが便利である。すなわち、

$$H = E_i + PV \qquad \cdots\cdots (3.13)$$

この H をエンタルピー（enthalpy）という。また、単位質量あたりの体積を比体積 V_0 で表すと、

$$h = e_i + PV_0 \qquad \cdots\cdots (3.14)$$

ここに、h は単位質量あたりのエンタルピーで、比エンタルピー（specific enthalpy）と呼ばれる。図 3.3 に示すように、圧力一定で単位質量の空気の温度を 1[K] 上昇させるのに必要な熱量を定圧比熱（specific heat at constant pressure）と定義し、記号 C_p で表すと、

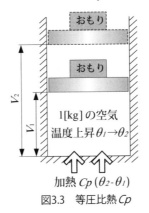

図3.3　等圧比熱 Cp

$$e_{i2} - e_{i1} = C_p(\theta_2 - \theta_1) - P(V_2 - V_1) \qquad \cdots\cdots (3.15)$$

が成立する。ただし、下付き添字 1 は加熱前の初期状態、2 は加熱後の状態を表し、$P(V_2 - V_1)$ は外に対してなした仕事である。式 (3.15) を整理すると、

$$h_2 - h_1 = C_p(\theta_2 - \theta_1) \qquad \cdots\cdots (3.16)$$

が得られる。状態 1 を基準の絶対温度 0[K] の状態にすると、空気のエンタルピーは

$$h = C_p\theta \qquad \cdots\cdots (3.17)$$

$$H = mh = mC_p\theta \qquad \cdots\cdots (3.18)$$

で表示することができる。完全気体とみなした場合の空気の定圧比熱 C_p は 1005[J/(kg·K)] である。式 (3.12) と (3.13)、(3.18) を連立すると、下記の式が成立する。

$$C_P - C_V = \frac{PV}{m\theta}$$ $\cdots\cdots$ (3.19)

さらに、空気の状態方程式 (3.6) を代入すると、二つの比熱とガス定数との関係が現れる。

$$C_P - C_V = R$$ $\cdots\cdots$ (3.20)

また、二つの比熱の比を比熱比と呼び、記号 κ で表す。

$$\kappa = \frac{C_P}{C_V}$$ $\cdots\cdots$ (3.21)

式 (3.20) と (3.21) は空気の状態変化を取り扱う際の式の整理によく使われている。空気の熱的特性に関わる定数を表 3.2 に取りまとめる。

表3.2 空気の熱的特性に関わる定数

定数	値	単位
C_V	718	[J/(kg·K)]
C_P	1005	[J/(kg·K)]
κ	1.4	[-]
R	287	[J/(kg·K)]

3.3.4 空気のなす仕事

空気は膨張するときは、外へ仕事をなすことになるが、圧縮されるときは、外から仕事をされることになる。空気の体積が変化する際、外との仕事のやり取りがあり、初期状態を 1、終了状態を 2 とするとその仕事量は

$$W = \int_{V_1}^{V_2} P dV$$ $\cdots\cdots$ (3.22)

で表すことができる。正の値は外へ仕事をし、負の値は外から仕事をうけることを意味する。

3.3.5 閉じた系と開いた系

空気のエネルギー変換法則を議論する前、空気を取り扱う際に必ず

必要になる以下の二つの熱力学概念を説明する。

閉じた系（closed system）：

　流体と周囲との間に熱や仕事は境界を通して授受されるが、流体は境界を通して流入・流出しない系である。入口・出口を閉じたタンク内の空気や、密封された空間で膨張したり圧縮されたりする空気は閉じた系である。

開いた系（open system）：

　空気と周囲との間に熱や仕事は境界を通して授受されると同時に、流体も流入したり流出したりする系である。充填・放出時のタンク内の空気や、シリンダの作動におけるチャンバー内の空気は開いた系に属する。

3.3.6 熱力学の第一法則

　周知のように、熱力学の第一法則はエネルギーの保存法則とも呼ばれ、すなわち一つの系の保有するエネルギーの総和は、それと外部との間にエネルギーの交換のない限り一定不変であり、外部との間に交換のある場合には授受したエネルギー量だけ減少または増加するという法則である。

　図 3.4(A) に示すように、熱力学の第一法則を空気圧の閉じた系に適用すると、次の式で表すことが出来る。

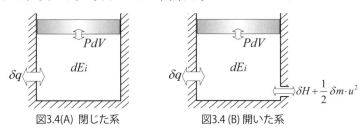

図3.4(A) 閉じた系　　　　　図3.4 (B) 開いた系

$$dE_i = \delta q - PdV \qquad\qquad \cdots\cdots (3.23)$$

ただし、dE_i　　：系の内部エネルギーの変化　[J]

　　　　δq　　：外部と交換した熱量　　　　[J]

　　　　P　　：空気の絶対圧力　　　　　　[Pa]

　　　　dV　　：系の体積変化　　　　　　　[m³]

ここに、δq は吸熱のときには正、放熱のときには負である。　　は系が外部に対してなした仕事を表す。閉じた系にある空気が密封された空間にあるため、その運動エネルギーとポテンシャルエネルギーの変化が極めて小さく無視しても差し支えない。

　図 3.4(B) に示すように、熱力学の第一法則を空気圧の開いた系に適用すると、次の式となる。

$$dU = \delta q - PdV + \left(\delta H + \frac{1}{2}\delta m \cdot u^2\right) \qquad \cdots\cdots (3.24)$$

ただし、δH：系に出入りする空気のエンタルピー　　[J]
　　　　δm：系に出入りする空気の質量　　[kg]
　　　　u：系に出入りする空気の平均速度　　[m/s]

ここに、$(\delta H + \delta m \cdot u^2/2)$ は空気が系に流入・流出するとともに系に出入りするエネルギーを表すものであり、流入のときには正、流出のときには負である。空気圧では圧縮空気が系に高速に流入・流出することがあり、運動エネルギー $\delta m \cdot u^2/2$ は無視できない場合がある。一方、ポテンシャルエネルギーは極めて大きな空間で移動しない限り、ほとんど考慮する必要がない。空気圧の系を解析する際、式 (3.23) 或いは式 (3.24) はエネルギー式として必ず必要とされる。

3.4　空気の状態変化

　空気の三つの基本状態量－圧力、体積、温度が変わることを空気の状態変化という。閉じた系の場合には、この三つの状態量が状態方程式によって拘束されている。例えば、体積が変わると、圧力と温度が変化する。しかしながら、状態方程式の一つの拘束条件では圧力と温度のそれぞれの変化が決まらない。もう一つの拘束条件が必要である。以下に、この拘束条件に当たる次の 5 つの状態変化について説明する。
①等圧変化
②等積変化
③等温変化
④断熱変化
⑤ポリトロープ変化

ここに、閉じた系を扱い、系が状態 1 から状態 2 へ変化するとする。

3.4.1 等圧変化

　圧力を一定に保つと、体積と温度との関係は状態方程式によって、

$$\frac{V}{\theta} = \frac{mR}{P} = \text{const} \qquad\qquad \cdots\cdots (3.25)$$

が得られる。すなわち、

$$\frac{V_1}{V_2} = \frac{\theta_1}{\theta_2} \qquad\qquad \cdots\cdots (3.26)$$

が成立する。このとき、温度が変化するため、外部から吸収した熱量は次の式で表される。

$$q = mC_P(\theta_2 - \theta_1) \qquad\qquad \cdots\cdots (3.27)$$

その同時に外部に対してなした仕事は

$$W = P(V_2 - V_1) \qquad\qquad \cdots\cdots (3.28)$$

両者の差はすべて空気の内部エネルギーに変換される。

$$q - W = mC_V(\theta_2 - \theta_1) \qquad\qquad \cdots\cdots (3.29)$$

3.4.2 等積変化

　体積を一定に保つと、圧力と温度との関係は状態方程式によって、

$$\frac{P}{\theta} = \frac{mR}{V} = \text{const} \qquad\qquad \cdots\cdots (3.30)$$

が得られる。すなわち、

$$\frac{P_1}{P_2} = \frac{\theta_1}{\theta_2} \qquad\qquad \cdots\cdots (3.31)$$

が成立する。このとき、体積が変わらないため外部への仕事がゼロである。外部から吸収した熱はすべて空気の内部エネルギーに変換される。

$$q = mC_V(\theta_2 - \theta_1) \qquad\qquad \cdots\cdots (3.32)$$

3.4.3 等温変化

　温度を一定に保つと、圧力と体積との関係は状態方程式によって、

$$PV = mR\theta = \text{const} \qquad \cdots\cdots (3.33)$$

が得られる。すなわち、

$$P_1 V_1 = P_2 V_2 \qquad \cdots\cdots (3.34)$$

が成立する。このとき、空気の内部エネルギーが変わらないため外部から吸収した熱はすべて外部への仕事に費やされる。

$$
\begin{aligned}
q = W &= \int_{V_1}^{V_2} P dV = \int_{V_1}^{V_2} \frac{mR\theta}{V} dV \\
&= mR\theta \ln\left(\frac{V_2}{V_1}\right) = mR\theta \ln\left(\frac{P_1}{P_2}\right)
\end{aligned}
\qquad \cdots\cdots (3.35)
$$

したがって、等温膨張の場合には、外部になす仕事量と同量の熱を外部から吸い込む必要がある。一方、等温圧縮の場合には、外部から加えた仕事と等しい熱量が外へ散逸することになる。

3.4.4 断熱変化

　断熱変化とは、外部とは熱の授与が一切なく空気の状態が変化することをいう。外部との熱交換がないため、エネルギーの保存式 (3.23) によると、

$$dU + PdV = mC_V d\theta + PdV = 0 \qquad \cdots\cdots (3.36)$$

が成立する。状態方程式を微分すると、

$$VdP + PdV = mRd\theta \qquad \cdots\cdots (3.37)$$

が得られる。式 (3.36)(3.37) より $d\theta$ を消去し整理すると、次の式となる。

$$\frac{1}{P} dP + \frac{\kappa}{V} dV = 0 \qquad \cdots\cdots (3.38)$$

式 (3.38) を積分し、次の圧力と体積の関係が得られる。

$$\ln P + \kappa \ln V = \text{const} \qquad \cdots\cdots (3.39)$$

すなわち、

$$PV^{\kappa} = \text{const} \qquad \cdots\cdots (3.40)$$

状態方程式を代入すると、式 (3.40) は以下の二つの形式となる。

$$\theta V^{\kappa-1} = \text{const} \qquad \cdots\cdots (3.41)$$

$$\theta P^{\frac{1-\kappa}{\kappa}} = \text{const} \qquad \cdots\cdots (3.42)$$

断熱変化のとき、外部に対してなす仕事は次の式で計算できる。

$$
\begin{aligned}
W &= \int_{V_1}^{V_2} P dV = \frac{P_1 V_1 - P_2 V_2}{\kappa - 1} \\
&= \frac{P_1 V_1}{\kappa - 1}\left[1 - \left(\frac{P_2}{P_1}\right)^{\frac{\kappa-1}{\kappa}}\right] \qquad \cdots\cdots (3.43) \\
&= \frac{P_1 V_1}{\kappa - 1}\left[1 - \left(\frac{V_1}{V_2}\right)^{\frac{\kappa-1}{\kappa}}\right]
\end{aligned}
$$

　断熱膨張の場合には、外部になす仕事がすべて内部エネルギーから変換され、空気の温度が下がる。一方、断熱圧縮の場合には、外部から加えた仕事がすべて内部エネルギーに変わり、空気の温度が上昇する。空気圧縮機における実際の圧縮過程が速く熱交換の時間がほとんど取れないため断熱圧縮に近い。

3.4.5 ポリトロープ変化

　断熱変化を表した式 (3.40) において、比熱比 κ の代わりに、$1 < n < \kappa$ の n を代入すると、

$$PV^n = \text{const} \qquad \cdots\cdots (3.44)$$

の状態変化となる。こうした状態変化をポリトロープ変化という。n をポリトロープ指数と呼ぶ。実に、前述した等圧変化などの四つの状態変化は下記の通りに、式 (3.44) で表示したポリトロープ変化と同一の形式で表すことができる。

$n = 0$ のとき　　$P = const$　　　等圧変化
$n = 1$ のとき　　$PV = const$　　等温変化
$n = \kappa$ のとき　　$PV^\kappa = const$　断熱変化
$n = \infty$ のとき　　$V = const$　　　等積変化

　等温変化は外部との熱交換が完全に行われるものであり、断熱変化は外部との熱交換が一切ないものであるため、いずれも理想的なものであり、実際の空気変化の過程には有り得ない。ポリトロープ変化は

この両者の間にある。$1 \sim \kappa$ の範囲にポリトロープ指数をとったポリトロープ変化は多くの過程に近似できるため、実用上ではよく使われている。例えば、ポリトロープ変化で圧縮比 P_2/P_1 で空気を圧縮する場合、その温度変化と必要な仕事は

$$\theta_2 = \left(\frac{P_2}{P_1}\right)^{\frac{n-1}{n}} \theta_1 \qquad \cdots\cdots (3.45)$$

$$W = \frac{P_1 V_1}{n-1}\left[1 - \left(\frac{P_2}{P_1}\right)^{\frac{n-1}{n}}\right] \qquad \cdots\cdots (3.46)$$

で計算することができる。室温 20[℃] の大気を圧縮した後の温度上昇を図 3.5 に示す。

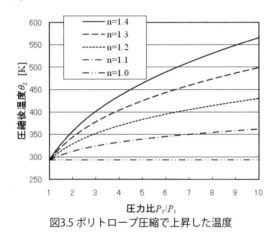

図3.5 ポリトロープ圧縮で上昇した温度

　しかしながら、すべての過程はこのポリトロープ変化で表せるわけでもない。例えば、固定容器から空気を放出する場合、放出中にポリトロープ指数が変化しており、一定したポリトロープ指数でその状態変化を正確に表すことが困難である。

3.4.6 PV 線図

　空気の状態変化を検討するときに、PV 線図は状態変化を分かりやす

く表現できるものとしてよく使われる。PV線図とは、質量が一定である場合に、圧力Pを横軸、体積Vを縦軸にして空気の状態変化を一本の直線または曲線で表すグラフとのことである。前述した5つの状態変化をPV線図で表すと、図3.6になる。

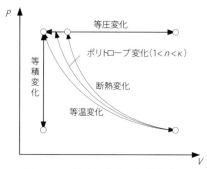

図3.6　PV線図で表された状態変化

　等圧変化と等積変化は分かりやすいが、等温変化はP_V=constのため、曲線となっている。ポリトロープ変化は等温変化と断熱変化の間にある。

　空気の三つの基本状態量の中に、もう一つの温度もPV線図に表現されている。実に、等温変化を表す曲線は等温線とも呼ばれている。等温線にある任意の点は温度が同じである。図3.7に示すように、右上に行ければ行くほど、温度が高い。

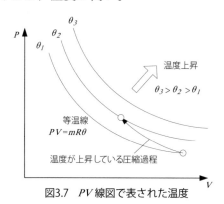

図3.7　PV線図で表された温度

3.47 断熱変化における温度変化

　温度は断熱状態では大きく変化する。圧力 P_1 から P_2 に変化した場合には

$$\frac{\theta_2}{\theta_1} = \left(\frac{P_2}{P_1}\right)^{\frac{k-1}{k}}$$

となる。また工業的にはディーゼルエンジンなどは v_1 から v_2 への体積を急激に変化させた場合の温度変化を利用している。

$$\frac{\theta_2}{\theta_1} = \left(\frac{v_2}{v_1}\right)^{k-1}$$

表3.2

圧縮比	θ_2 / θ_1	$\theta_2[k]$
2	1.32	386
5	1.90	557
10	2.51	735
20	3.31	971

3.5　空気ばねの固有周波数

　空気ばねは空気の圧縮性を最も生かしたものである。図 3.8 に示すように、空気ばね内空気の圧力を P、体積を V、断面積を A で表すと、ばね定数は

$$K_a = -\frac{\Delta F}{\Delta x} = -\frac{\Delta P \cdot A}{\Delta x} = -\frac{\Delta P}{\Delta V} \cdot A^2 \qquad \cdots\cdots (3.47)$$

と書くことができる。空気ばね内空気の状態変化をポリトロープ変化で表示すると、

$$PV^n = C \qquad \cdots\cdots (3.48)$$

ただし、n はポリトロープ指数である。式 (3.48) を体積に対して微分すると、

$$\frac{dP}{dV} = -n \cdot \frac{P}{V} \qquad \cdots\cdots (3.49)$$

式 (3.49) を式 (3.47) に代入すると、

$$K_a = n \cdot \frac{P}{V} \cdot A^2 \qquad \cdots\cdots (3.50)$$

質量 M は空気ばねによる支持力との釣り合いから

$$M = \frac{(P - P_a) \cdot A}{g} \qquad \cdots\cdots (3.51)$$

ここに、P_a と g はそれぞれ大気圧と重力加速度である。これらを踏まえ、空気ばねの固有周波数は

$$f_a = \frac{1}{2\pi}\sqrt{\frac{K_a}{M}} = \frac{1}{2\pi}\sqrt{\frac{nPAg}{(P - P_a)V}} \qquad \cdots\cdots (3.52)$$

と求まる。式 (3.52) からポリトロープ指数 n が変わると f_a が変化することが分かる。断熱変化時の f_a は等温変化時の f_a の $\sqrt{1.4} = 1.183$ 倍である。

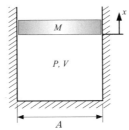

図3.8　空気ばね・質量系

　等温材を充填した空気ばねの中の空気の状態変化は等温変化とみなせる。こうした空気ばねとそうでない普通の空気ばねの固有周波数を測った結果を図 3.9 に示す。普通の空気ばねは固有周波数が等温化空気ばねと比べやや高いことが分かった。普通の空気ばね内空気の状態変化は等温変化より断熱変化に近い。解析精度を要求しない場合には断熱変化として扱っても良い。

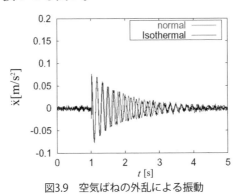

図3.9　空気ばねの外乱による振動

3.6　空気における伝熱

伝熱には熱伝導（heat conduction）、熱対流（heat convection）、熱放射（thermal radiation）という三つの基本的形態があることが知られている。空気圧には熱放射がないため、以下に、熱伝導と熱対流について説明する。

3.6.1 熱伝導

温度差がある物体内や隣接した物体間で熱が移動することを熱伝導という。固体と液体と同様に、気体内も熱が高温部分から低温部分に移動する。熱の移動量は次式で与えられる。

$$\frac{dq}{dt} = -kA\frac{d\theta}{dx} \qquad\qquad \cdots\cdots (3.53)$$

dq は時間 dt で伝熱面積 A を垂直に通過する熱量、k は熱伝導率（thermal conductivity）、$d\theta/dx$ は伝熱方向の温度勾配である。熱伝導率は物質の熱の伝えやすさを示す物性値である。式 (3.53) により、熱伝導率の SI 単位は W/(m·K) となる。

物質の熱伝導率の大きさは固体→液体→気体の順に低くなる。表 3.3 は温度 300[K] 時の主な物質の熱伝導率を示す。熱伝導率は粘性係数と同様に、流体を構成している分子の輸送現象によるものである。したがって、粘性係数と同じように、気体の熱伝導率は温度とともに上昇し、液体と逆な傾向を示す。

表 3.3 に示したように、空気の熱伝導率は鉄と水と比べて遥かに小さい。いわゆる熱は空気内で非常に伝わりにくい。通常、空気圧の解析では空気の平均温度を扱い、空気内の熱伝導を無視するのがほとんどである。

表3.3　主な物質の熱伝導率

物質	温度 [K]	熱伝導率 [W/(m·K)]
鉄(純)	300	80.3
水	300	0.610
空気	300	0.0261

3.6.2 熱対流

　空気圧には、空気が配管内で流れたり容器に充填されたりするときに、流体と固体壁面の間に温度差があると、熱対流が起こる。熱対流とは、固体から流体へ、あるいは流体から固体への熱が流れることである。流体流動の起動力によって、強制対流熱伝達と自然対流熱伝達に分けられる。前者の起動力はポンプなどの外部からの力、後者の起動力は流体内部の温度差により引き起こされる密度変化により生じる力である。いずれも、次式でその熱の移動量を表示する。

$$\frac{dq}{dt} = hA\left(\theta_l - \theta_g\right) \qquad\qquad \cdots\cdots (3.54)$$

ただし、h は熱伝達率（heat transfer coefficient）、A は伝熱面積、θ_l は固体壁の表面温度、θ_g は固体壁面表面から十分離れたところの流体の温度である。式 (3.54) により、熱伝達率の SI 単位は W/(m²·K) となる。

　流体が空気の場合、熱伝達率は固体の材質とあまり関係なく、常温付近の自然対流では 3 ～ 5[W/(m²·K)]、強制対流では 10[W/(m²·K)] 以上で流速などによって大幅に変化する。熱伝達は空気圧シリンダなどの解析に重要であり、式 (3.54) が空気圧によく利用されている。

第4章

空気圧における流体力学

　本章では、流体力学の基本である連続の式、ベルヌーイの定理、流体の運動量法則などの基礎知識を説明する。

4.1　流れ場の記述

4.1.1　3次元流，2次元流，1次元流

　空気の中に浮いている埃は空気の流れによってx、yとz方向において流速成分を持ち、3次元的運動をする。流れの状態は、位置を表す座標 (x, y, z) の関数であり、3次元流場という。流れの状態が2変数、例えば (x, y) の関数で、z方向の流速成分がゼロである場合を2次元流れと呼ぶ。この場合はx-y平面内の流れとなり、z方向に状態は変化しない。流れはxのみの関数で、速度がx方向の成分だけの場合が1次元流れとみなす。

4.1.2　流線，流跡線

　流体の流れを表す線に流線と流跡線がよく用いられる。流れは目に見えないことが多く、流れの可視化によって目で見えるようにすることができる。例えば、流れ中に煙や微小粒子などのものが混入すると、流れの動きを観察することができる。この際に、見られた流れの動きは下記のように記述される。

　流線 (Stream line) とは、流れ場の中である瞬間に各点で流速ベクトル $u=(u,v,w)$ に接する曲線である。つまり、各点の速度ベクトルを滑らかに結んだ線であり、図4.1に示すようにそれぞれの点において速度ベクトルと流線の方向は一致する。流線の条件式として次式が成り立つ。

$$\frac{dx}{du} = \frac{dy}{dv} = \frac{dz}{dw} \qquad \cdots\cdots (4.1)$$

　流跡線 (Path line) とは、ある流体粒子がたどる道筋である。例えば、空気の中の埃は風と同一の運動をしたとすれば、この埃の粒子がたどった軌跡が図4.2に示す流跡線となる。

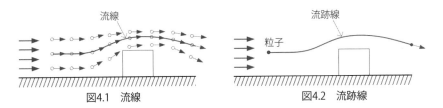

図4.1　流線　　　　　　　　　図4.2　流跡線

4.1.3　定常流と非定常流

　流れの速度 u、圧力 P、密度 ρ などの状態が時間的に変化しない流れを定常流という。定常流は数学的に次のように表現される。

$$\frac{\partial u}{\partial t} = \frac{\partial P}{\partial t} = \frac{\partial \rho}{\partial t} = 0$$

$\cdots\cdots$ (4.2)

　これに対して、各状態が時間的に変化する流れを非定常流という。流れが定常であれば、流線と流跡線は一致するが、非定常の場合にはそれぞれ異なる線となって現れる。

4.1.4　層流と乱流

　水道の蛇口から出る水は、流速が遅くわずかに流れるときには、流れの表面は滑らかで中まで透き通って見られる。これは流れが整然と流れているからである。一方、流速が速く水がたくさん出るときには、水の表面が粗く、流れが乱れている。このように、流れには層流と乱流という2つの状態がある。1883年レイノルズは流れが層流になるか、乱流になるかは無次元数であるレイノルズ数によって整理されることを実験的に発見した。円管の内径を d、断面の平均流速を u、流体の密度を ρ、粘度を μ とすると、レイノルズ数は次式のように定義される。

$$\mathrm{Re} = \frac{\rho u d}{\mu}$$

$\cdots\cdots$ (4.3)

　レイノルズは円管内に水を流し、その中央にインクを注入してインクの流れ方を調べた。その結果、Re<2300 のとき、インクは図 4.4(a) に示すようにほとんど拡散せずにほぼ1本の線で流れ、層流と呼ばれる流れになることがわかった。これに対して、Re > 4000 の時、ほとんどの場合にインクは管全体に広がり (図 4.4(b))、乱流と呼ばれる流れになる。なお、2300<Re<4000 では、層流と乱流が混在した不安定な状態にあり、遷移域という。

図4.3 レイノルズの実験[1]

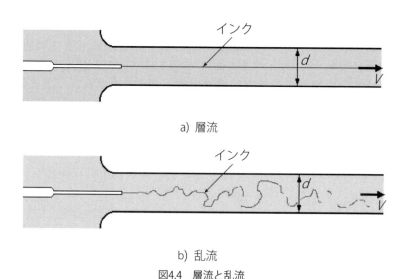

図4.4 層流と乱流

4.1.5 非圧縮性流体と圧縮性流体

　流体の密度ρが時間と空間的に変わらないと仮定できる流れを非圧縮性流れとみなせ、そうでない場合を圧縮性流体という。図4.5に示

すように、水と空気が入っているシリンダのピストンを押すと、水の容積が変化しないが、空気の容積が小さくなる。水が非圧縮性流体、空気が圧縮流体であることがわかる。よって、非圧縮性流体では次式が成り立つ。

$$\rho = const. \qquad または, \ \frac{\partial \rho}{\partial t} = 0, \qquad \frac{\partial \rho}{\partial x} = 0 \qquad \cdots\cdots (4.4)$$

通常、液体は非圧縮性流体であるが、圧力変化が非常に大きい場合は液体の圧縮性を考慮しなければならない。一方、気体は一般に圧縮されやすいが、圧力変化が小さい場合は非圧縮性流体と仮定できる。また、流速 u と音速 a(約 340[m/s]) の比で定義されるマッハ数 (Mach number) M により流れに及ぼす圧縮性の影響を判断する。

$$M = \frac{u}{a} \qquad\qquad\qquad\qquad \cdots\cdots (4.5)$$

M が 0.2 以下であれば、気体でも非圧縮性流体として扱える。

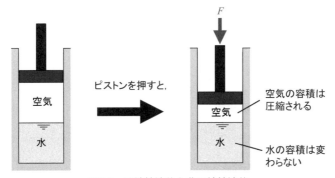

図4.5　圧縮性流体と非圧縮性流体

4.2　連続の式

　流れの中である小さい空間に注目すれば、定常流れの場合ではその中の質量が変化しない。いわゆる「質量保存の法則」である。
流れの中に、図 4.6 に示す 1 つの閉曲線を通る流線束（流管という）を考え、その任意の断面積を A、流速を u、密度を ρ、流管の長さを ds とすれば、次の関係が成り立つ。

$$\frac{d}{ds}(\rho u A) = 0 \qquad \cdots\cdots (4.6)$$

この流管の中の質量が時間的に変化する非定常流れの場合では、流管に出入りする流体の質量の差は流管中の質量の変化となる。この関係は次式で表される。

$$\frac{\partial}{\partial t}(\rho A) + \frac{\partial}{\partial s}(\rho u A) = 0 \qquad \cdots\cdots (4.7)$$

3次元流の場合では、座標 (x, y, z) において連続の式は

$$\frac{\partial \rho}{\partial t} + \frac{\partial(\rho u)}{\partial x} + \frac{\partial(\rho v)}{\partial y} + \frac{\partial(\rho w)}{\partial z} = 0 \qquad \cdots\cdots (4.8)$$

となる。

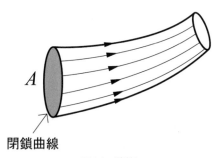

図4.6　流管

4.3　ベルヌーイの定理

ベルヌーイの定理を簡単に説明するには、粘性のない非圧縮性流体の1次元流れを用いる。外部から受ける仕事がゼロとすれば、図4.7の断面1と2においてベルヌーイの定理は次式で表される。

$$\frac{P_1}{\rho} + \frac{1}{2}u_1^2 + gh_1 = \frac{P_2}{\rho} + \frac{1}{2}u_2^2 + gh_2 \qquad \cdots\cdots (4.9)$$

式 (4.8) の左辺の第1項は流体の圧力エネルギー、第2項は運動エネルギー、第3項は位置エネルギーである。エネルギーの保存則より、位置によらずすべてのエネルギーの和は一定となる。すなわち、ベルヌーイの定理はエネルギーの保存を反映する定理である。また、長さ

52

の単位に統一すれば、$P/(\rho g)$ を圧力ヘッド、$u^2/(2g)$ を速度ヘッド、h を位置ヘッドという。

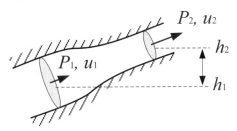

図4.7　ベルヌーイの定理

　次に、圧縮性を持つ気体の場合についてベルヌーイの定理を説明する。外部から受ける仕事と熱量をゼロとし、また、気体が軽いので位置エネルギーを無視する。圧縮性流体のベルヌーイ式は次式のように書くことができる。

$$\frac{P_1}{\rho_1}+\frac{1}{2}u_1{}^2+C_v\theta_1=\frac{P_2}{\rho_2}+\frac{1}{2}u_2{}^2+C_v\theta_2 \qquad\cdots\cdots(4.10)$$

気体の場合では、圧力エネルギーと運動エネルギーのほか、内部エネルギー $C_v\theta$ の項は追加される。第3章に述べた気体の状態方程式によって、式 (4.10) は次のように書き直すことができる。

$$\frac{1}{2}u_1{}^2+\frac{\kappa}{\kappa-1}\frac{P_1}{\rho_1}=\frac{1}{2}u_2{}^2+\frac{\kappa}{\kappa-1}\frac{P_2}{\rho_2} \qquad\cdots\cdots(4.11)$$

ベルヌーイの定理はピトー管の流速計測機構とベンチュリ管の流量計などに多く応用されている。

4.4　流体の運動量法則

　ニュートンの運動の第2法則によれば、物体が外力を受けて運動状態を変えられる。この法則は流体の場合にも適用できる。次に、図4.8に示す曲がり管を通過する流体を例として流体の運動量法則を解説する。ここに、流体が非圧縮かつ定常流れであるとする。検査面1と2の間の流体を対象とし、流体が検査面1から流入し、検査面2から流出する。連続の式により次式が成り立つ。

$$\rho A_1 u_1 = \rho A_2 u_2 \qquad\cdots\cdots(4.12)$$

また、検査面 1 と 2 の間の流体は、圧力が 2 つの検査面の垂直方向に力を与えられる一方で、管路の壁面から力 F を受けている。これらの力によって検査面 1 から流入する運動量と検査面 2 から流出する運動量との差が生じる。この関係は次式に表される。

x 方向：　$-F_x + A_1 p_1 \cos\alpha_1 - A_2 p_2 \cos\alpha_2 = \rho A_1 u_1 (u_2 \cos\alpha_2 - u_1 \cos\alpha_1)$　$\cdots(4.13)$

y 方向：　$-F_y + A_1 p_1 \sin\alpha_1 - A_2 p_2 \sin\alpha_2 = \rho A_1 u_1 (u_2 \sin\alpha_2 - u_1 \sin\alpha_1)$　$\cdots(4.14)$

検査面の圧力と面積、通過流量、角度がわかれば、管路が対象流体に作用する力を求めることができる。この運動量法則を利用することによって、バルブの弁体に働く流体反力、ジェットポンプの流量などを算出することが可能である。

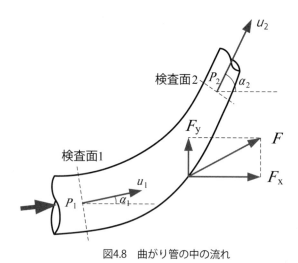

図4.8　曲がり管の中の流れ

第5章

空気圧機器の流量特性

　本章では、まず円筒絞りの流量特性から日本で使われてきた有効断面積の概念とその試験法を説明する。次に音速コンダクタンスと臨界圧力比を採用したISO 6358の表示法及び試験法を紹介する。その後に、アメリカの C_v 値、欧州の K_v 値、圧縮性を無視した A 値を解説し、それらと有効断面積、音速コンダクタンスとの換算を示す。最後に配管の延長化を伴って重要になりつつある空気圧管路の簡易流量特性を解説する。

5.1　流量特性表示及び試験法の現状

　空気圧システムを設計する際、電磁弁や速度制御弁などの空気圧制御機器の流量特性を適切に把握しておくことが重要である。流量特性は機器が空気を通過させる能力を表すものであり、空気圧システムの動特性に大きな役割を果たしている。機器選定で流量特性を誤ると、アクチュエータで所定の出力や速度が得られないことがある。

　従来、空気圧機器の流量特性の表示および測定法は、それぞれの国によって基準が違い、様々な方法があった。日本や中国では有効断面積 S_e 値が一般に使われていたが、欧州では K_v 値、アメリカでは C_v 値が用いられていた。また、これら特性値の測定方法については、S_e 値は容器から供試機器を通して圧縮空気を大気に放出する際の容器内圧力応答から計測しているが、K_v 値と C_v 値は清水を流して所定の差圧下での流量を測るという液圧から転用した方法で計測している。

　1989年に、英国バース大学のF. Sanville先生が提案した表示式をベースに、流量特性に関する国際規格ISO 6358が制定された。新規格では、上述した様々な特性値から音速コンダクタンス C に統合し、さらに空気の圧縮性と機器内部通路の複雑さを考慮して臨界圧力比 b というもう一つの特性値を追加し、この二つの特性値を用いて流量特性を表示すると改定している。C と b の測定については、供試機器を流れる空気の定常流量と両側の圧力から求める試験法を規定している。

　ISO 6358制定以来、国家間の統一化が進展しつつあり、国際的に、機器の流量通過能力の公正な評価が求められるようになっている。2000年に、これにあわせてJIS規格において、ISO 6358で規定されている方法に整合する規格として、これまでの有効断面積表示法から音速コンダクタンス C および臨界圧力比 b の表示へと改正がなされ、新

しい JIS B 8390 が制定された。その中に、ISO 6358 を適用できない口径の呼び 20[mm] を超える機器に対しても、従来の JIS 方法を継承して有効断面積とその試験法を適用することを推薦している。

5.2 円筒絞りの流量特性

各種の空気圧バルブは空気圧システムにおいて空気圧抵抗となっており、絞りとしてその流量特性が殆ど表せる。そこで図 5.1 に示す円筒絞りを扱い、その流量特性を検討する。

図 5.1 に示すように、電気抵抗の場合には、上流電圧が一定とされたとき、抵抗を流す電流 i は下流電圧 E_2 の減少に従って増加し、線型特性となっている。一方、空気圧絞りの場合には、流体が圧縮性を持つため、電気抵抗と異なり非線形となっている。

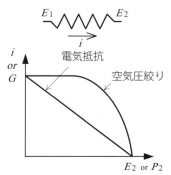

図5.1 電気抵抗と空気圧絞り

絞りの上流圧力 P_1 を一定に保つとき、下流圧力 P_2 を下げるにつれ質量流量 G が増えるが、ある値以下になると下流圧力を下げても、質量流量が一定のままで増加しなく飽和する。これは絞り直後の縮流部で流速が音速に達しており、その下流の圧力低下が上流に伝わらないためである。この飽和状態の流れを音速流れ、閉塞流もしくはチョーク流れ、飽和しないときの流れを亜音速流れという。

亜音速流れを摩擦損失などのない断熱等エントロピーの定常流とすると、圧縮性流体のベルヌーイの式から図 5.2 に示した縮流部の流速 u_2 を次式で書くことができる。

$$u_2 = \sqrt{\frac{2\kappa}{\kappa-1} \cdot \frac{P_1}{\rho_1}\left[1-\left(\frac{P_2}{P_1}\right)^{\frac{\kappa-1}{\kappa}}\right]}$$

$$\cdots\cdots (5.1)$$

ただし、κ は空気の比熱比、ρ は空気の密度である。その中、下付添字 1 は上流、下付添字 2 は下流の状態量を指す。断熱変化の状態式を代入して式 (5.1) を整理すると、縮流部の断面を通過する流量は次のようになる。

$$G = S_e \rho_2 u_2 = S_e P_1 \sqrt{\frac{2\kappa}{(\kappa-1)} \cdot \frac{1}{R\theta_1}\left[\left(\frac{P_2}{P_1}\right)^{\frac{2}{\kappa}} - \left(\frac{P_2}{P_1}\right)^{\frac{\kappa+1}{\kappa}}\right]}$$

$$\cdots\cdots (5.2)$$

ここの S_e は縮流部の断面積であり、絞りの断面積 S より小さい。この両者の比を絞りの縮流係数と呼ぶ。

$$\alpha = \frac{S_e}{S}$$

$$\cdots\cdots (5.3)$$

縮流係数は円筒絞りの入り口形状や寸法などにより、$0.85 \sim 0.95$ 範囲に入ることが殆どである。

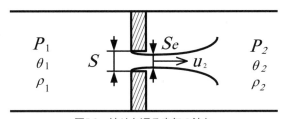

図5.2　絞りを通る空気の流れ

　式 (5.2) の値が最大になるように圧力比 P_2/P_1 を求めると、下記の臨界圧力比が得られる。

$$\left(\frac{P_2}{P_1}\right)^* = \left(\frac{2}{\kappa+1}\right)^{\frac{\kappa}{\kappa-1}} = 0.5283$$

$$\cdots\cdots (5.4)$$

圧力比が臨界圧力比より小さくなると、流れが音速流れとなり、その流量は臨界圧力比を式 (5.2) に代入して次式で求められる。

$$G = S_e P_1 \sqrt{\frac{\kappa}{R\theta_1}\left(\frac{2}{\kappa+1}\right)^{\frac{\kappa+1}{\kappa-1}}}$$

$$\cdots\cdots (5.5)$$

前述を踏まえ、絞りの流量特性は下記の式によって表示される。

$$G = \begin{cases} S_e P_1 \sqrt{\dfrac{\kappa}{R\theta_1}\left(\dfrac{2}{\kappa+1}\right)^{\frac{\kappa+1}{\kappa-1}}} & \dfrac{P_2}{P_1} \leq 0.5283 \\[4mm] S_e P_1 \sqrt{\dfrac{2\kappa}{(\kappa-1)}\cdot\dfrac{1}{R\theta_1}\left[\left(\dfrac{P_2}{P_1}\right)^{\frac{2}{\kappa}} - \left(\dfrac{P_2}{P_1}\right)^{\frac{\kappa+1}{\kappa}}\right]} & \dfrac{P_2}{P_1} > 0.5283 \end{cases} \qquad \cdots\cdots (5.6)$$

5.3 有効断面積とその測定法

5.3.1 有効断面積

　円筒絞りの場合は、縮流部の断面積を有効断面積と呼び、S_e で表記する。電磁弁や速度制御弁など円筒絞り以外の場合は、実際の流れに縮流部が把握できないため、式 (5.5) によって S_e に相当するものをその有効断面積とする。JIS B 8390 では、空気圧機器と同じチョーク流量を持つ、摩擦や縮流のない理想的な絞りの断面積を有効断面積と定義している。

　有効断面積は面積の単位を持ち、流路の実断面積と対応しているため、直感的に分かりやすい。例えば、内径 2[mm] のノズルの先端断面積は 3.14[mm²] であるが、縮流係数 0.9 を掛けると、その有効断面積は 2.8[mm²] 前後にあることが把握できる。

　質量流量 G(kg/s) は kq・Q_{ANR} とされる。kq≒2.0×10⁻⁵ $\left(\dfrac{kg/s}{\ell/min}\right)$

5.3.2 楕円近似式

　有効断面積による流量特性の表示が分かりやすいが、亜音速流れの流量式 (5.2) は複雑であり、実際の工業計算上で使いにくい点がある。そのため、次に示す式 (5.2) と近似度の高い楕円近似式がよく使われる。

$$G = 2G_{max}\sqrt{\dfrac{P_2}{P_1}\left(1-\dfrac{P_2}{P_1}\right)}$$

$$= 2K_G S_e P_1 \cdot \dfrac{1}{\sqrt{\theta_1}}\cdot\sqrt{\dfrac{P_2}{P_1}\left(1-\dfrac{P_2}{P_1}\right)} \qquad \cdots\cdots (5.7)$$

ただし、K_G は次に示す定数である。

$$K_G = \sqrt{\dfrac{\kappa}{R}\left(\dfrac{2}{\kappa+1}\right)^{\frac{\kappa+1}{\kappa-1}}} = 0.04042\,[\dfrac{s\sqrt{K}}{m}] \qquad \cdots\cdots (5.8)$$

式 (5.7) で圧力比 P_2/P_1=0.5 とおくと式 (5.5) と一致するように係数が工夫されている。この近似表示では臨界圧力比を 0.5 としている。

$$G = \begin{cases} K_G S_e P_1 \cdot \dfrac{1}{\sqrt{\theta_1}} & \dfrac{P_2}{P_1} \le 0.5 \\[3mm] 2K_G S_e P_1 \cdot \dfrac{1}{\sqrt{\theta_1}} \cdot \sqrt{\dfrac{P_2}{P_1}\left(1-\dfrac{P_2}{P_1}\right)} & \dfrac{P_2}{P_1} > 0.5 \end{cases} \quad \cdots\cdots (5.9)$$

式 (5.6) による流量表示を実線で、近似式 (5.9) の流量を破線で図 5.3 に表すと、両者がほぼ一致していることがわかった。亜音速流れにおいて近似式は若干小さく、その誤差が最大 3% であり、実用上では問題とならない。

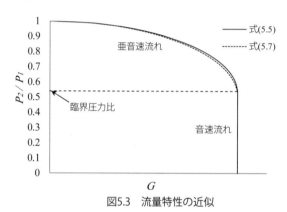

図5.3　流量特性の近似

5.3.3 簡易計算式

実際の流量計算では、質量流量より体積流量がよく使われている。したがって、式 (5.9) の質量流量 G を体積流量 Q に換算すると、以下の簡易計算式が求まる。

標準状態（100[kPa]、20[℃]、相対湿度 65%）下での体積流量

$$Q_{ANR} = \begin{cases} 120 \times S_e P_1 \sqrt{\dfrac{293}{\theta_1}} & \dfrac{P_2}{P_1} \le 0.5 \\[3mm] 240 \times S_e P_1 \sqrt{\dfrac{293}{\theta_1}} \cdot \sqrt{\dfrac{P_2}{P_1}\left(1-\dfrac{P_2}{P_1}\right)} & \dfrac{P_2}{P_1} > 0.5 \end{cases} \quad \cdots\cdots (5.10)$$

$$Q_{ANR} = \begin{cases} 120 S_e P_1 \sqrt{\dfrac{293}{\theta_1}} & \dfrac{P_2}{P_1} < b \\[4mm] 120 S_e P_1 \sqrt{\dfrac{293}{\theta_1}} \times & \\[4mm] \sqrt{1 - \left(\dfrac{\frac{P_2}{P_1} - b}{1 - b}\right)^2}, & \dfrac{P_2}{P_1} \geq b \end{cases} \quad \cdots\cdots (5.11)$$

ただし、式 (5.10) における各々の記号の単位は

Q_{ANR} : [l/min(ANR)]
S_e : [mm²]
P : [MPa(abs)]
θ : [K]

5.3.4 有効断面積の測定法

　前述したように、チョーク流れ状態における流量と上流側圧力を計測すれば、有効断面積は簡単に求められる。しかしながら、この方法ではチョーク流量を供給できる空気圧源を要求する。特に大口径の空気圧機器を計測するには大型圧縮機が必要とされる。そこで、小容量の空気圧源さえあればどこでも容易に実施できる試験方法が考案された。それは、あらかじめタンクに充塡した圧縮空気を供試機器を通過して大気へチョーク流れで放出するときの圧力応答を利用する放出法である。

　放出法の試験装置を図 5.4 に示す。計測手順を以下に示す。

1) タンク内圧力が 0.5[MPa(G)] 前後で一定値になるように、空気タンクに空気を充塡し、空気タンク内の温度及び圧力が定常状態になるまで放置する。
2) 放出前の空気タンク内温度 θ、空気タンク内圧力 P_s を測定する。
3) 供試機器または切換弁を操作し、空気タンク内圧が 0.2[MPa(G)] に下がるまで空気を放出し、放出時間 t を測定する。なお、放出の終了は空気タンクに設けた圧力スイッチで操作することが望ましい。
4) 空気タンク内圧力が定常値になるまで放置し、残存圧力 P_∞ を測定する。

上記手順で計測した値から次の式を用いて有効断面積を計算する。

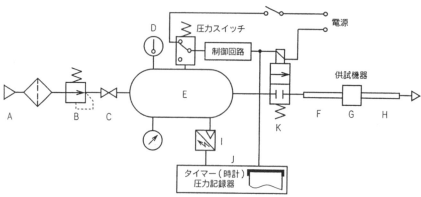

A 空気源及びフィルタ　　B 圧力制御機器　　C 遮断弁　D 温度計
E 空気タンク　　F 上流整流管　G 供試機器　　H 下流整流管
I 圧力計または圧力変換器　　J タイマー　　K 電磁弁

図5.4　有効断面積測定の放出法の試験構成

$$S_e = 12.9 \times \frac{V}{t} log_{10}\left(\frac{P_s + 0.1013}{P_\infty + 0.1013}\right)\sqrt{\frac{273}{\theta}} \qquad \cdots\cdots (5.12)$$

ただし、それぞれの単位は

S_e : [mm^2]　　　　V : [dm^3]

t : [s]　　　　　　P : [MPa]（ゲージ圧力）

θ : [K]

空気タンクの容積は、供試機器の推定有効断面積に対して、表 5.1 に示す範囲に値でなければならない。これは放出時間が4～6秒となり、放出が断熱過程であることを確保するためである。

表5.1　空気タンクの容積（C=Se/5）

有効断面積 (mm^2)		空気タンクの容積 (dm^3)	
1.5	～　2.5	0.69	～　0.88
2.5	～　5	1.4	～　1.9
5	～　10	2.8	～　5.4
10	～　20	5.6	～　15
20	～　40	15	～　43
40	～　60	43	～　81
60	～　110	81	～　148
110	～　190	148	～　255
190	～　300	255	～　400
300	～　400	400	～　540
400	～　650	540	～　880

5.4　JIS8390 ISO 6358 の表示法及び試験法

5.4.1 臨界圧力比の変化

　前述の円筒絞りの流量特性では臨界圧力比の理想値が 0.5283 であるが、実際の空気圧機器である電磁弁、サーボ弁や速度制御弁などにおいては、バルブ内の流れが複雑になることから、はく離の様相や圧力回復の状態が理想的な絞りとは異なり、臨界圧力比が 0.5283 からずれることが知られている。図 5.5 に可変絞りの流量特性を測定した結果を示し、縦軸に流量を横軸に圧力比を表す。図中の実線は 5.2 節で述べた理想状態における流量特性であるが、白丸の実験結果を見ると臨界圧力比が 0.3 程度になっていることが明らかである。このように実際の空気圧機器では臨界圧力比が理想状態と異なることが確認できる。表 5.2 に種々の空気圧機器に対して臨界圧力比を測定した結果の例を記す。例えばサーボ弁においても、スプールの構造の違いから空気の流れが異なる。よって臨界圧力比がバルブによって異なることが分かる。

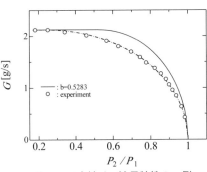

図5.5　可変絞りの流量特性の一例

表5.2　臨界圧力比の実測例

機　　器	臨界圧力比
電磁弁 A	0.24
電磁弁 B	0.38
速度制御弁 A	0.49
速度制御弁 B	0.64
サーボ弁 A	0.35
サーボ弁 B	0.45

5.4.2 流量表示式

ISO 6358 では亜音速流れの流量を楕円曲線で近似して、臨界圧力比としてもう一つの特性値 b を導入している。また、有効断面積の代わりに、"流れやすさ"を直接に意味する音速コンダクタンス C の使用を定めている。これにより、流量は次式のように与えられる。

$$Q_{ANR} = \begin{cases} CP_1\sqrt{\dfrac{293}{\theta_1}} & \dfrac{P_2}{P_1} \leq b \\[2em] CP_1\sqrt{\dfrac{293}{\theta_1}} \cdot \sqrt{1-\left(\dfrac{\dfrac{P_2}{P_1}-b}{1-b}\right)^2} & \dfrac{P_2}{P_1} > b \end{cases} \quad \cdots\cdots (5.13)$$

ただし、Q_{ANR} は標準状態（100[kPa]、20[℃]、相対湿度65%）に換算した体積流量 [dm³/s(ANR)]、C は音速コンダクタンス [dm³/(s·bar)]、P_1 は上流絶対圧力 [bar]、P_2 は下流絶対圧力 [bar] である。上記体積流量に標準状態下での空気密度1.185 [kg/m³] を掛けると質量流量となる。ここに注意を要するのは Q_{ANR} の単位が式 (5.10) の [l/min(ANR)] ではなく、[dm³/s(ANR)] とされている。

$$S_e[\text{mm}^2] = \frac{60 \times 10}{120} \times C[\text{dm}^3/(\text{s·bar})]$$
$$= 5 \times C[\text{dm}^3/(\text{s·bar})] \quad \cdots\cdots (5.15)$$

$$C_v = S_e/17.0 \quad \cdots\cdots (5.16)$$

5.4.3 音速コンダクタンスと臨界圧力比の測定

C 値と b 値の測定については、ISO 6358 では供試機器の種類により、図 5.6 に示すように、電磁弁などの入口及び出口のポートをもつ機器の試験回路（図 5.6(A)）とノズルなどの大気中に直接排気する機器の試験回路（図 5.6(B)）の 2 種類が分けられる。試験回路は空気圧源、減圧弁、温度計、圧力計、供試機器、流量制御弁および流量計などから構成される。

計測手順については、試験回路によって異なる。

(A) 入口及び出口のポートをもつ機器の試験回路

1) 上流圧力 P_1 を 4[bar] を下回らない一定値に保持する；

　　　流量制御弁 K を使って、それ以下に圧力を下げても、質量流量 G が増加しなくなるまで、下流の圧力 P_2 を減少させる。これはチョーク流れの兆候である；

2) 上流温度 θ_1^*、上流圧力 P_1^*、チョーク流量 G^* 及び下流圧力 P_2^* を測定する；

3) 質量流量 G をチョーク流量 G^* の約 80% に減少させるため、流量制御弁 K を一部閉じる；

4) 試験中、上流圧力 P_1 を一定に保つため圧力制御機器 B を調節する；

5) 質量流量 G、温度 θ 及び圧力差 $\varDelta P$ を測定する；

6) 質量流量 G をチョーク流量 G^* の約 60%、40%、20% に減少させ、4)、5) 及び 6) のステップを繰り返す。

(B) 大気中に直接排気する機器の試験回路

1) 大気圧 P_2 及び大気温度 θ_a を測定し、上流圧力 P_1 を P_2 より約 10[kPa] 高く設定する；

2) 質量流量 G、上流温度 θ 及び上流圧力 P_1 を測定する；

3) 上流圧力 P_1 を約 150[kPa]、300[kPa]、500[kPa]、等々に順次設定し、2) のステップを繰り返す。

前記の手順で測定した数値から、次のとおりに音速コンダクタンスと臨界圧力比を求める。

$$C = \frac{G}{\rho_{\mathrm{ANR}} P_1^*} \sqrt{\frac{\theta_1^*}{293}} \qquad \cdots\cdots (5.16)$$

$$b = 1 - \frac{\varDelta P / P_1}{1 - \sqrt{1 - \left(G / G^* \right)^2}} \qquad \cdots\cdots (5.17)$$

4) 式 (5.17) によってチョーク流量の 20%、40%、60%、80% の四点でそれぞれの b 値を求め、それらの平均値を臨界圧力比とする。

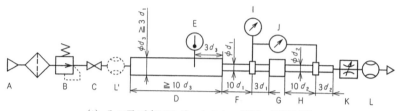

（A）　入口及び出口のポートをもつ機器の試験回路

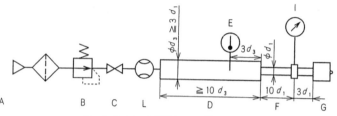

（B）　大気中に直接排気する機器の試験回路

A　空気源及びフィルタ　　B　圧力制御機器　　C　遮断弁　　D　温度測定管
E　温度計　　F　上流圧力測定管　　G　供試機器　　H　下流圧力測定管
I　上流の圧力計　　J　差圧計　　K　流量制御弁　　L　流量計

図5.6　ISO 6358に規定された試験回路

5.5　C_v 値，K_v 値と A 値

5.5.1　C_v 値と K_v 値

　C_v 値は元々、非圧縮性流体を取り扱う油圧からのものであるが、アメリカでそのまま空気圧にも転用されている。その定義及び測定方法はANSI/NFPA T3.21.3に規定されている。供試機器に温度60[°F]（=15.5[℃]）の清水を流してその圧力降下を $\triangle P$=1[psi]（=1[lbf/in²]=6.895[kPa]）と極めて小さく設定し、機器を通過する流量 [US$_{gal}$/min]（1[US$_{gal}$/min]=3.785[l/min]）を測定し、その値を C_v 値とする。この定義は非圧縮性流体の通過特性の表示に適用するが、圧縮性流体の空気圧においては、チョーク流れと亜音速流れを包含する全域の流量特性の表示には局限性がある。

　K_v 値は C_v 値と同様に、供試機器に清水を流してその圧力降下を $\triangle P$=0.1[MPa] と設定した際に機器を通過する流量 [m³/h] の値と定義され

ている。本質的に C_v 値と同類であり、単位のみ相違する。そのため、下記の換算式は求められる。

$$C_v[\text{US}_{gal}/\text{min}] = 1.167\,K_v[\text{m}^3/\text{h}] \qquad \cdots\cdots (5.18)$$

5.5.2 A 値

ISO 6358 では空気圧の圧縮性の影響を無視しうる $\varDelta P/P_1 < 0.02$ の場合にのみ適用されるとして有効流路面積 A 値が補足的に記載されている。その定義式は

$$A = \frac{G}{\sqrt{2\rho_2 \Delta P}} \qquad \cdots\cdots (5.19)$$

ただし、ρ_2 は下流側の空気の密度である。

有効流路面積 A 値は非圧縮性流体の通過特性を現すもので、前述した C_v 値、K_v 値と同じ概念である。それらの換算式は次に示される。

$$A[\text{mm}^2] = 16.98\,C_v[\text{US}_{gal}/\text{min}] = 19.82\,K_v[\text{m}^3/\text{h}] \qquad \cdots\cdots (5.20)$$

5.5.3 Cv 値と C 値の換算

C_v 値は非圧縮性流体適用のパラメータであるが、世界中にまだ多くのカタログに残されている。C_v 値を C 値への換算は実用上で必要である。ISO 6358 に記入されたように、A 値は音速コンダクタンス C と臨界圧力比 b から次式で計算できる。

$$A = C\rho_{ANR}\sqrt{\frac{R\theta_{ANR}}{1-b}} \qquad \cdots\cdots (5.21)$$

A の単位が $[\text{mm}^2]$、C の単位が $[\text{dm}^3/(\text{s}\cdot\text{bar})]$ の場合、

$$A = 3.442\,C\sqrt{\frac{1}{1-b}} \qquad \cdots\cdots (5.22)$$

式 (5.20) と式 (5.22) を連立すると、

$$C\,[\text{dm}^3/(\text{s}\cdot\text{bar})] = 4.933\sqrt{1-b}\cdot C_v[\text{US}_{gal}/\text{min}] \qquad \cdots\cdots (5.23)$$

電磁弁の b 値が $0.2 \sim 0.5$ の範囲にあるため、次の概算式が得られる。

$$C\,[\text{dm}^3/(\text{s}\cdot\text{bar})] = (3.5 \sim 4.4)\cdot C_v[\text{US}_{gal}/\text{min}]$$

5.6　管路の流量特性

　空気が管路を通過するときに、絞りと同様に圧力損失が生じる。実用上では管路を等価な有効断面積を持つ絞り要素として扱う方法が簡便でよく用いられる。現場に多用されているナイロンチューブの配管1[m] 当たりの有効断面積 S_{eo} と音速コンダクタンス C_0 を表5.3に示す。長さ L [m] の場合は次式により算出される。

$$S_e = S_{e0} \cdot \frac{1}{\sqrt{L}} \qquad C = C_0 \cdot \frac{1}{\sqrt{L}} \qquad \cdots\cdots (5.24)$$

管路の臨界圧力比の計算については、次の近似式が提案されている。

$$b = 4.8 \cdot \frac{C}{d^2} \qquad\qquad\qquad \cdots\cdots (5.25)$$

配管が長いほど、臨界圧力比は小さい。

　式 (5.24) と (5.25) は管路の流量特性を近似したもので、定常流れしか適用できない。管路の動特性を検討するには分布定数法による解析が必要である。その解析手法は後の章で解説する。

表5.3　管路単位長さあたりの Se と C

内径 d [mm]	2.5	4	6	7.5	9	15	25	40
S_{e0} [mm^2]	1.8	6.5	18	28	43	160	560	1700
C_0 [dm^3/ (s・bar)]	0.36	1.3	3.6	5.6	8.6	32	112	340

5.7　流量特性の合成

　空気圧回路では、空気圧機器が直列につながることが多い。空気圧回路を設計する際に、各機器の合成流量特性を把握することが重要である。次に、図5.7に示すように直列に接続した2つの抵抗を例とし、流量特性を合成する方法を解説する。ここに、空気は抵抗1から抵抗2へ流れ、また抵抗2の下流に大気圧 Pa とする。

　P_2 は抵抗1の下流圧であり、抵抗2の上流圧でもある。まず、G を横軸、P_2 を縦軸としそれぞれの流量特性の曲線を図5.8に描く。抵抗1の場合では、上流圧 P_1 を P_{11}、P_{12}、P_{13}、P_{14} に固定し下流圧 P_2 を変えたときの流量特性となる。抵抗2の場合では、下流圧が大気圧で上流圧 P_2 を変化させたときの流量特性である。交差点から平衡状態での流

量 G がわかる。次に、G を横軸、P_1 を縦軸とすることによって G と P_1 との関係を得られる。図 5.8 の合成流量特性は抵抗 1 と抵抗 2 を 1 つの抵抗とみなすときの流量と圧力との関係である。同様の手順を従えばさまざまな空気圧機器の流量特性を合成することができる。

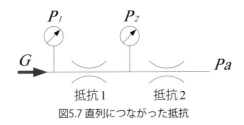

図5.7 直列につながった抵抗

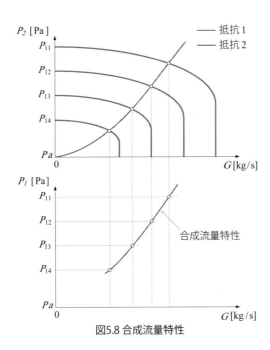

図5.8 合成流量特性

5.8　合成有効断面積の計算

　バルブ、配管等の総合有効断面積として別項で取り扱われているもので各々の機器が有する有効断面積を合成したものになる。配管などの長いものを考えると温度変化、圧縮性等の影響を厳密には考慮すべきであるがここではそれらを無視した一般式で扱う。

　直列配置の場合

$$\frac{1}{S^2} = \sum_{i=1}^{n} \left(\frac{1}{S_i^2} \right)$$

$\cdots\cdots$ (5.26)

　　S：合成有効断面積 $[\mathrm{mm}^2]$
　　$S_1 : S_1 \cdots S_n$：各々要素の有効断面積 $[\mathrm{mm}^2]$

　並列配置の場合

$$S = \sum_{i=1}^{n} S_1$$

$\cdots\cdots$ (5.27)

直列配置

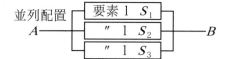

A 点から B 点までの合成有効断面積 S は

$$\frac{1}{S^2} = \frac{1}{S_1^2} + \frac{1}{S_2^2} + \frac{1}{S_3^2} + \frac{1}{S_3^2} + \frac{1}{S_6^2} + \frac{1}{S_7^2}$$ より求められる。

並列配置

| 要素 1　S_1 |
| 〃　1　S_2 |
| 〃　1　S_3 |

A 点から B 点までの合成有効断面積 S は配管要素を無視すれば $S = S_1 + S_2 + S_3$

第6章

容器の充填と放出

　空気圧システムには圧縮空気をタンクまたは機器内部の固定チャンバーに充填（charge）し、その後でまた放出（discharge）することが極めて多い。こうした充填及び放出における圧力応答や温度変化は空気圧機器やシステムの動特性に密接に関係し、空気圧系の基本特性となっている。本章では、空気圧システムの基礎的な系でもある容器の充填と放出を扱い、その解析方法及び圧力応答などの特性について述べる。充填・放出時の空気の状態変化としては、等温変化と断熱変化、ポリトロープ変化、熱伝達を考慮した変化をそれぞれ検討する。さらに、無次元数学モデル及び圧力応答の見積りに役立つ時定数も説明する。最後に、容器内平均温度の測定法－ストップ法を紹介する。

6.1　支配方程式

　容器への充填と放出は第3章で述べた開いた系である。容器内空気は外部と熱だけでなく、物質の空気のやり取りもある。本章では、図6.1に示すように、容器内壁を検査面としその中の一定体積の空気を検討対象とする。

　体積 V が変わらないため、容器内空気の変化する状態量は圧力 P と温度 θ だけの二つの量となる。空気の質量も変化するが、独立した量ではなく、圧力と温度が決まれば決まる。こうした系を解析する際、二つの独立方程式があれば解くことができる。以下に、状態方程式とエネルギー保存式を用いて圧力と温度のそれぞれの微分方程式を導出する。

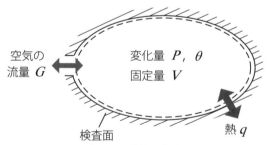

図6.1　容器への充填・放出の開いた系

6.1.1 圧力の微分方程式（状態方程式）

容器内空気の状態方程式 $PV=mR\theta$ を時間に対して全微分すると、次式が得られる。

$$\frac{dP}{dt} = \frac{1}{V}\left(mR\frac{d\theta}{dt} + R\theta\frac{dm}{dt}\right)$$

$$= \frac{P}{\theta}\frac{d\theta}{dt} + \frac{R\theta}{V}G \qquad\qquad \cdots\cdots (6.1)$$

ただし、G は系を出入りする空気の質量流量であり、空気が流入する場合には正、流出する場合には負である。前章に述べたように、この質量流量は流れの上下流の圧力と温度によって決まり、充填の場合に上流、放出の場合には下流の圧力と温度を一定とすれば次式のように容器内の圧力と温度の関数で表せる。

$$G = F_G(P,\theta) \qquad\qquad \cdots\cdots (6.2)$$

6.1.2 温度の微分方程式（エネルギー保存式）

容器内空気の状態変化は外部との熱の授受程度によると言っても良い。熱交換が十分に行われれば等温変化、一切行われないと断熱変化、その間にはポリトロープ変化と、熱伝達を考慮した状態変化という扱いがある。

等温変化と断熱変化は実際の充填或いは放出には有り得ないが、解析を簡素化するために良く使われている。ここでは検討をしやすくするために、等温変化と断熱変化を包括したポリトロープ変化と、熱伝達を考慮した変化の二つに分けて検討する。

1）ポリトロープ変化（等温変化と断熱変化を含む）

容器内空気の状態変化をポリトロープ変化とする場合、閉じた系ではなく空気が容器を出入りするが、容器中に閉じ込められた空気は圧縮または膨張するため閉じた系にあると考えられる。その状態変化は式 (3.42) により、

$$\theta P^{\frac{1-n}{n}} = \text{const} \qquad\qquad \cdots\cdots (6.3)$$

と書くことができる。ただし、n はポリトロープ指数である。時間に対して式 (6.3) を微分すると、

$$\frac{d\theta}{dt} = \frac{n-1}{n}\frac{\theta}{P}\frac{dP}{dt} \qquad\qquad \cdots\cdots (6.4)$$

が得られる。等温変化のときには $n = 1$、断熱変化のときには $n = 1.4$ である。

　実際の充填中にも放出中にもポリトロープ指数は一定ではなく変わっている。しかし、充填と放出が速いときには殆どポリトロープ指数が 1.35 以上のため、実用上で断熱変化として扱っても差し支えない。

２）熱伝達を考慮した変化

　開いた系に適用するエネルギー保存式 (3.24) により、容器内空気が持つエネルギーの変化量は出入りする空気の持つエネルギー と、容器壁面からの熱伝達量 δq からなる。

$$dU = \delta H + \delta q \qquad\qquad \cdots\cdots (6.5)$$

容器壁の温度を常に大気温度 θ_a とすると、容器内空気と内壁との熱伝達量は次式のように求められる。

$$\frac{dq}{dt} = hS_h\Delta\theta = hS_h(\theta_a - \theta) \qquad\qquad \cdots\cdots (6.6)$$

ここに、h は空気と内壁との熱伝達率、S_h は内壁の表面積である。したがって、式 (6.5) は

$$\frac{d(mC_v\theta)}{dt} = GC_p\theta_1 + hS_h(\theta_a - \theta) \qquad\qquad \cdots\cdots (6.7)$$

となる。ただし、θ_1 は上流側の温度であり、充填の場合には空気圧源の温度、放出の場合には容器内の空気温度となる。式 (6.7) の左側を展開してさらに整理すると、

$$\frac{d\theta}{dt} = \frac{1}{mC_v}\left[GC_p\theta_1 - GC_v\theta + hS_h(\theta_a - \theta)\right] \qquad\qquad \cdots\cdots (6.8)$$

が成立する。

　実際の充填及び放出中の熱伝達率をそれぞれ計測した結果を図 6.2 に示す。熱伝達率 h は、充填の場合には充填し始めにかなり大きな値となりそれ以後に徐々に減少しているが、放出の場合には初期にも大きな値となるが 1 秒以内で急に下がりそれ以後ゆっくり減少している。また、充填の場合は放出に比べて熱伝達率が大きい。これは充填の際に空気の入りに伴う激しい攪拌効果によるものと推定される。

　熱伝達率 h は充填・放出の過程中で変化しており、その変化を関数

で表すことが難しい。そのため、実際の計算には、経験に基づき熱伝達率hに一定の値を与えるのが一般的である。これらを踏まえ、容器内空気の状態変化を扱う方法は二つあり、それぞれの解析方程式が異なることに注意する必要がある。

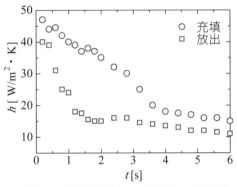

図6.2　充填及び放出中の熱伝達率の計測例

6.1.3 数学モデル

前記した状態方程式とエネルギー方程式を連立すると、容器内状態変化の解析モデルが得られる。

１）ポリトロープ変化（等温変化と断熱変化を含む）

式 (6.1) と (6.4) を連立して整理すると、次のような微分方程式が得られる。

$$\begin{cases} \dfrac{dP}{dt} = n\dfrac{GR\theta}{V} \\ \dfrac{d\theta}{dt} = (n-1)\dfrac{GR\theta^2}{PV} \end{cases} \qquad \cdots\cdots (6.9)$$

式 (6.2) に示したように、質量流量 G は P と θ の関数であるため、式 (6.9) には未知な状態量として P と θ しかない。したがって、P と θ の初期値が分かれば式 (6.9) を用いて容器内空気の圧力と温度の応答を解くことができる。

等温変化として扱う場合は、ポリトロープ指数 n が 1 となるため、式 (6.9) は次式となる。

$$\begin{cases} \dfrac{dP}{dt} = \dfrac{GR\theta}{V} \\ \theta \equiv const \end{cases} \qquad \cdots\cdots (6.10)$$

断熱変化として扱う場合は、ポリトロープ指数 n が　となるため、式 (6.9) は次のように書くことができる。

$$\begin{cases} \dfrac{dP}{dt} = \kappa \dfrac{GR\theta}{V} \\ \dfrac{d\theta}{dt} = (\kappa - 1)\dfrac{GR\theta^2}{PV} \end{cases} \qquad \cdots\cdots (6.11)$$

2）熱伝達を考慮した変化

式 (6.1) と (6.8) と連立して整理すると、次のような微分方程式が得られる。

$$\begin{cases} \dfrac{dP}{dt} = \dfrac{R}{C_v V}\left[GC_p\theta_1 + hS_h(\theta_a - \theta)\right] \\ \dfrac{d\theta}{dt} = \dfrac{R\theta}{C_v PV}\left[GC_p\theta_1 - GC_v\theta + hS_h(\theta_a - \theta)\right] \end{cases} \qquad \cdots\cdots (6.12)$$

式 (6.9) と同様に、P と θ の初期値が分かれば式 (6.12) を用いてそれらの応答を解くことができる。

前述したポリトロープ変化の扱いでは、温度は充塡の場合には上がったまま、放出の場合には下がったまま回復しないという矛盾を生じるが、熱伝達を考慮する方法ではこれらの矛盾は生ぜず、熱伝達率の値を適切な一定値と仮定しても容器内空気の圧力及ぶ温度応答をかなり精度良く求めることが可能である。そのため、実際の解析には熱伝達を考慮する方法が多用されている。

6.2　無次元数学モデル

6.1 節で述べた微分方程式を解かなければ圧力や温度の応答は分からない。以下に、流量式を導入し、基準量や時定数を確立して無次元数学モデルを導出する。基準量や時定数さえ算出すれば、微分方程式を解かなくても無次元応答から圧力応答や温度応答を大体把握することができる。これらの基準量や時定数は容器の充塡・放出特性の理解上で大変重要なものとなっている。

6.2.1 基準量の確立

数学モデルを無次元にする際に、基準量を確立しなければならない。容器の充填・放出において、下記の基準量が確立される。

1）基準圧力 P_s

充填時の基準圧力は供給圧力 P_s、放出時の基準圧力は初期圧力 P_s とする。

2）基準温度 θ_a

基準温度は大気温度 θ_a である。

3）基準流量 G_{max}

基準流量は基準圧力下で音速流れが生じるときの流量とする。これは充填過程にも放出過程にも最大となる流量である。

$$G_{max} = \rho_0 C P_s \sqrt{\frac{\theta_0}{\theta_a}} \qquad \cdots\cdots (6.13)$$

ただし、$\rho_0 = 1.185 [\mathrm{kg/m^3}]$、$\theta_0 = 293 [\mathrm{K}]$、$C$ は充填・放出通路の音速コンダクタンスである。

4）基準時間 T_p

充填時の基準時間は完全な真空から基準圧力 P_s まで基準流量 G_{max} で充填するときの所要時間であるが、放出時の基準時間は基準圧力 P_s から完全な真空まで基準流量 G_{max} で放出するときの所要時間である。この時間は次式で与えられる。

$$T_p = \frac{m}{G_{max}} = \frac{P_s V}{R \theta_a G_{max}} = \frac{V}{R \theta_a \rho_0 C} \sqrt{\frac{\theta_a}{\theta_0}} \qquad \cdots\cdots (6.14)$$

式（6.14）に示したように、基準時間 T_p は基準圧力 P_s と関係なく、主に容器の容積と通路の音速コンダクタンスの比 V/C によって決まる。圧力平衡時定数ともいうこの比が大きいほど、基準時間が長い、すなわち充填あるいは放出に要する時間が長い。

6.2.2 無次元モデルの導出

確立した基準量を用いて無次元モデルを以下の通り導出する。

1）容器への充填

まずは、容器内の圧力と温度、時間を前記した基準量を用いて無次元化を行う。

$$P^* = \frac{P}{P_s} \qquad\qquad \cdots\cdots (6.15)$$

$$\theta^* = \frac{\theta}{\theta_a} \qquad\qquad \cdots\cdots (6.16)$$

$$t^* = \frac{t}{T_p} \qquad\qquad \cdots\cdots (6.17)$$

通常、供給した空気の温度 θ_1 は大気温度 θ_a と仮定できる。よって容器に流れ込む流量は

$$G_c{}^* = \frac{G_c}{G_{max}} = \begin{cases} 1 & P^* \leq b \\ \sqrt{1 - \left(\dfrac{P^* - b}{1 - b}\right)^2} & P^* > b \end{cases} \qquad\qquad \cdots\cdots (6.18)$$

となる。さらに、式 (6.12) は次のように書くことができる。

$$\frac{dP}{dt} = \frac{R}{C_v V}\left[G_c C_p \theta_a + hS_h(\theta_a - \theta) \right] \qquad\qquad \cdots\cdots (6.19)$$

式 (6.19) を無次元化すると、

$$\frac{dP^*}{dt^*} = \frac{C_p}{C_v} G_c{}^* + T_p \frac{hS_h R\theta_a}{C_v P_s V}\left(1 - \theta^*\right) \qquad\qquad \cdots\cdots (6.20)$$

が得られる。その中に、

$$T_h = \frac{C_v P_s V}{hS_h R\theta_a} = \frac{C_v m}{hS_h} \qquad\qquad \cdots\cdots (6.21)$$

は熱平衡時定数を表すものである。熱平衡時定数は容器内空気が持つ内部エネルギーが絶対温度 0[K] の外部へ熱伝達ですべて散逸するに要する時間と意味し、熱伝達による温度変化の速さを表している。さらに、比熱比 $\kappa = C_p / C_v$ を代入すると、式 (6.20) は

$$\frac{dP^*}{dt^*} = \kappa G_c{}^* + \frac{T_p}{T_h}\left(1 - \theta^*\right) \qquad\qquad \cdots\cdots (6.22)$$

となる。温度の微分方程式を同様に無次元化すると、次式が求まる。

$$\frac{d\theta^*}{dt^*} = \frac{\theta^*}{P^*}\left[\left(\kappa - \theta^*\right)G_c{}^* + \frac{T_p}{T_h}\left(1 - \theta^*\right) \right] \qquad\qquad \cdots\cdots (6.23)$$

前記の二つの無次元方程式 (6.22)(6.23) には、唯一のパラメータとして、基準時間と熱平衡時定数との比がある。

$$K_a = \frac{T_p}{T_h} \qquad\qquad\qquad \cdots\cdots (6.24)$$

この係数は著者が提出したものであり、香川係数とも呼ばれている。香川係数 K_a は熱伝達の程度を表すものであり、K_a が大きいほど、熱の伝達が速い。

　上記した式 (6.22)(6.23) は容器へ充填する場合の無次元数学モデルとなる。

$$\begin{cases} \dfrac{dP^*}{dt^*} = \kappa G_c^* + K_a\left(1-\theta^*\right) \\[3mm] \dfrac{d\theta^*}{dt^*} = \dfrac{\theta^*}{P^*}\left[\left(\kappa-\theta^*\right)G_c^* + K_a\left(1-\theta^*\right)\right] \end{cases} \qquad \cdots\cdots (6.25)$$

2）容器からの放出

　放出する際に、容器から流出する流量は

$$G_d^* = \frac{G_d}{G_{max}} = \begin{cases} \dfrac{P^*}{\sqrt{\theta^*}} & P^* \le b \\[4mm] \dfrac{P^*}{\sqrt{\theta^*}}\sqrt{1-\left(\dfrac{P^*-b}{1-b}\right)^2} & P^* > b \end{cases} \qquad \cdots\cdots (6.26)$$

音速流れのときでも、放出流量は容器内温度と関係があり、充填と異なり定数ではない。

　放出時の上流側温度が容器内温度であるため、式 (6.12) は次式に書くことができる。

$$\begin{cases} \dfrac{dP}{dt} = \dfrac{R}{C_v V}\left[G_d C_p \theta + hS_h\left(\theta_a-\theta\right)\right] \\[3mm] \dfrac{d\theta}{dt} = \dfrac{R\theta}{C_v PV}\left[G_d C_p \theta - GC_v\theta + hS_h\left(\theta_a-\theta\right)\right] \end{cases} \qquad \cdots\cdots (6.27)$$

充填と同様に無次元化を行い、次の放出の無次元数学モデルは得られる。

$$\begin{cases} \dfrac{dP^*}{dt^*} = \kappa G_d^* P^* \sqrt{\theta^*} + K_a\left(1-\theta^*\right) \\[3mm] \dfrac{d\theta^*}{dt^*} = \dfrac{\theta^*}{P^*}\left[\left(\kappa-1\right)\theta^* G_d^* + K_a\left(1-\theta^*\right)\right] \end{cases} \qquad \cdots\cdots (6.28)$$

6.2.3 無次元圧力と温度の応答

　前記した無次元数学モデルを数値解析方法で求めると、図6.3と図6.4に示すように、無次元 P^* と θ^* の応答が得られる。

1）容器への充填

　図6.3には大気圧から空気圧容器に0.5[MPa(G)]の圧縮空気を充填し、すなわち P^* の初期値0.171から1へ充填する場合の計算例が K_a をパラメーターとして示される。一番上にあるグラフは横軸無次元時間に対する無次元圧力 P^* の応答である。$K_a = 0.1$ は熱伝達が少ないことを意味し、逆に $K_a = 10$ は熱伝達が速く、等温に近い過程を表している。グラフ中の数本の曲線から、K_a が小さければ小さいほど、状態変化が断熱に近く、圧力応答が速い。

　真中のグラフは無次元温度 θ^* の応答を示す。空気の充填に伴い容器内空気は圧縮されその温度は上昇するが、K_a が小さいほど、温度変化の幅が大きく、その回復も遅い。また、熱伝達がかなり少ない $K_a = 0.1$ の場合でも最大の温度は無次元温度で約1.3である。初期圧から断熱的に圧縮された場合は無次元温度は理論的には1.65まで上昇するはずであるが、この充填の場合では充填される空気の温度（検査面を通過する空気の温度）は容器内空気の温度より低いためこのような結果となる。

　一番下に示したグラフは充填時の無次元質量流量 G^* である。無次元時間 t^* が0.3程度までは絞り内の流れが閉塞状態となっているため一定（$G^* = 1$）となる。ポリトロープ指数を一定と仮定する解析ではこの領域の圧力上昇率は一定と示されるが、熱伝達を考慮したこの無次元数学モデルの解析では一定とならず僅かに負の曲率を持つ圧力上昇となる。これは流入する空気の質量流量が一定でも熱伝達によってエネルギーが失われるためである。

　無次元時間 t^* が1以上では K_a の値にかかわらず圧力 P^* はほぼ整定する。一方、流入流量 G^* はこの時刻以後でもだらだらとした流入が続いている。これは圧縮によって温度上昇がもたらされた容器内空気から容器内壁面に熱伝達によってエネルギーが奪われ、その圧力減少分を流入する空気流量が補っていると考えられる。そのため、熱伝達の少ない場合には圧力応答が速いが、すべての状態が最終に整定するのに時間がかかる。

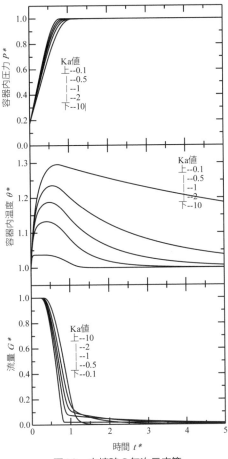

図6.3　充填時の無次元応答

２）容器からの放出

　図 6.4 は初期圧力 0.5[MPa(G)] の室温の圧縮空気を容器から大気へ放出し、すなわち$P^* = 1$、$\theta^* = 1$の初期条件から放出する場合の計算例をK_aをパラメーターとして示す。

　圧力波形は充填の場合と同様にK_aが小さいほうが応答は速く、流量の降下も速い。三つのグラフを比較してみると、ほぼ変化が逆なものと言える。しかしながら、放出の場合は充填の場合に比較して整定時間が約 2 倍かかる。前述したように、充填時の圧力整定時間は無次元

時間 t^* が 1 であるが、放出時の圧力整定時間は無次元時間 t^* が 2 である。これは放出時に上流側圧力としての容器内圧力の降下に伴い流量も下がり、充填時の流量と比べ全体低いためである。

　空気圧システムには充填と放出の繰り返しが多く、両者の所要時間が異なることを理解しておく必要がある。放出時に容器内温度は充填時と同様に圧力変化と共にかなり大きな変化をしている。例えば $K_a =$ 0.1 の場合、θ^* は $t^* = 1.5$ で 0.67 となり断熱と仮定した場合の温度にかなり近い値となる。

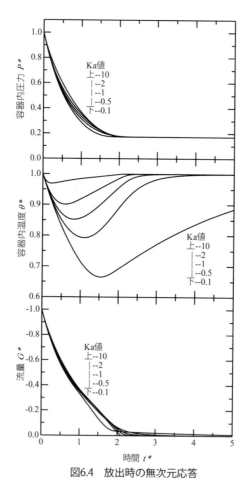

図6.4　放出時の無次元応答

6.2.4　充填時間

有効断面積：Se［mm^2］、負荷体積 V［cc］とすれば等温状態における充填時間

$$T_p = \frac{V}{200 \cdot \mathrm{Se}}$$

$\cdots\cdots$ (6.29)

6.3　容器内平均温度の測定法：ストップ法

容器内空気の温度を直接に検出するには熱電対を使うことが考えられるが、極めて細い熱電対を使用したとしても検出端の熱容量のために非定常状態での正確な測定は困難である。また平均温度の算出には多くの測定点を必要とする。

ストップ法は容器への充填・放出過程における任意時刻の容器内平均温度を測定する方法として多用されている。その計測原理は計測しようとする時刻で容器内空気の出入りを電磁弁などでストップし、状態方程式を用いてストップした時点の圧力と大気温度に回復した後の圧力からストップした時点の温度を推定するものである。

ここで容器からの放出を扱いその計測回路を図 6.5 に示し、その計測手順を以下に述べる。

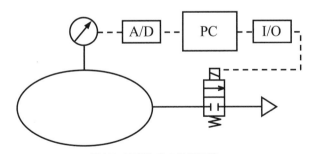

図6.5　容器からの放出回路

①電磁弁を開いて放出を開始する。それと同時に圧力データを収集する。
②経過時間が計測しようとする時刻 t_1 に達すると、電磁弁を閉じる。
　圧力が整定するまで待つ。
③収集した圧力データから時刻 t_1 の圧力 P_1 と整定した圧力 P_∞ を読み

取る。また大気温度 θ_a も大気温度計から読み取る。

④時刻 t_1 の容器内平均温度 $\overline{\theta_1}$ を算出する。

図 6.6 は放出途中の時刻 t_1 で放出を止めた場合の圧力及び温度の応答を示すものである。止めた後の容器内空気は密封されるため質量も体積も変わらない。そのため、次式が成立する。

$$\int_V \rho_1 dV = \rho_\infty V = \frac{P_\infty V}{R\theta_a} \qquad \cdots\cdots (6.30)$$

ただし、P_1 と P_∞ はそれぞれ時刻 t_1 と回復した後の空気密度である。したがって時刻 t_1 の容器内平均温度 $\overline{\theta_1}$ は

$$\overline{\theta_1} = \frac{\int_V \rho_1 \theta_1 dV}{\int_V \rho_1 dV} = \frac{P_1 V / R}{P_\infty V / R\theta_a} = \frac{P_1}{P_\infty} \theta_a \qquad \cdots\cdots (6.31)$$

と求められる。

電磁弁を閉じる時刻を変えて時刻 t_2 の容器内平均温度 $\overline{\theta_2}$ は同様に求められる。時刻を変化させて前記の手順で繰り返し計測すれば、放出過程における容器内平均温度の時間変化を計測することができる。

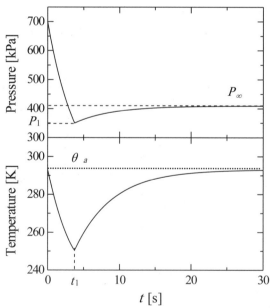

図6.6　ストップした後の圧力・温度の整定

第7章

空気圧管路内の流れ

　本章では、格子差分モデルを構成する方程式を紹介する。その後、理解を促すための解析例を挙げ、それぞれの差分式を説明し、数値計算の手順を詳しく解説する。

7.1　支配方程式

　空気圧システムでは、管路によって各種の機器要素が接続されており、エアパワーを伝達する媒体である空気が管路ネットワークを通して圧縮機から末端設備に輸送されている。管路は本質的にほかの空気圧要素機器とは異なり、電磁弁やタンク、空気圧シリンダの集中定数系ではなく、分布定数系である。こうした管路の存在はシステム全体の特性を複雑化させ、特に動特性に悪い影響を及ぼすことが多い。

　第5章では空気圧管路を絞り要素として扱ってその流量特性を近似化しているが、その取り扱いは定常流れにのみ適用する。空気圧シリンダの速度応答や空気圧制御系の遅れなどの動特性は空気が流れている管路内での過渡応答に大きく関わっている。特に、細長い管路の場合には管路内流れの過渡応答に支配されることもある。このような管路の動特性を解析するには、分布定数系に基づくダイナミクスモデルを用いる必要がある。

　油圧管路のダイナミクスモデルは従来、種々の状況や目的に応じて数多く提案されてきたが、空気圧管路では圧力によって空気の密度が変わるため、空気圧管路に適用できるモデルが一部に限られている。

　今回は空気圧管路の入門として、空気圧管路の解析に適用範囲の最も広い格子差分法を紹介する。現在、一部の空気圧機器のサイジングソフトにこの方法が利用されている。格子差分モデルは、管路を数個の短い区間に分割し、運動方程式と連続の式、エネルギー式を適用し、空間・時間に対して微分して得られるモデルである。その数値計算には風上差分法が使われる。

7.2 空気圧管路の格子差分モデル

7.2.1 基礎方程式

　内径 D、長さ L の管路を対象として基礎方程式を説明する。管路内の空気流れを1次元流れと仮定し、1次元流れの基礎方程式を適用す

ると、以下の通りとなる。

1）運動方程式

$$\frac{\partial u}{\partial t} + u\frac{\partial u}{\partial x} = -\frac{1}{\rho}\frac{\partial P}{\partial x} - \frac{\lambda}{2D}u^2 \qquad \cdots\cdots (7.1)$$

ただし、u は流速を表す。固体の運動方程式 $F = ma$（m：質量；a：加速度）と同様に、空気に外力を加えると加速度が生じる。ここに、外力としては前後の圧力差及び管路内壁の摩擦力が考えられる。λ は管路の摩擦係数である。

2）連続の式

$$\frac{\partial \rho}{\partial t} + \frac{\partial(\rho u)}{\partial x} = 0 \qquad \cdots\cdots (7.2)$$

空気の密度 ρ の変化と前後の質量流量分布との関係を表す。空気が連続的に流れるため、質量流量の分布は密度の変化をもたらす。

3）エネルギー方程式

$$\frac{\partial}{\partial t}\left[\rho A\left(e + \frac{u^2}{2}\right)\right] + \frac{\partial}{\partial x}\left[\rho u A\left(e + \frac{u^2}{2} + \frac{P}{\rho}\right)\right] - q = 0 \qquad \cdots\cdots (7.3)$$

ただし、A は管路管路の断面積である。エネルギーの保存法則により、空気の内部エネルギー、運動エネルギー、流れによる伝達エネルギー、外部との熱交換の収支関係を表すものである。ただし、単位時間当たりの熱交換量 q は伝熱によって外部からもらった熱量であり、熱伝達率を h で表すと以下のように書くことができる。

$$q = h\pi D(\theta_a - \theta) \qquad \cdots\cdots (7.4)$$

θ と θ_a はそれぞれ管路内の空気の温度と大気温度である。また、e は単位質量あたりの内部エネルギーであり、次式で表される。

$$e = C_v\theta \qquad \cdots\cdots (7.5)$$

式 (7.4)、(7.5) を式 (7.3) に代入し、さらに式 (7.1)、(7.2) と連立して整理すると、エネルギー方程式は次式となる。

$$\frac{\partial \theta}{\partial t} = -\frac{4h(\theta - \theta_a)}{\rho C_v D} - u\frac{\partial \theta}{\partial x} - \frac{R\theta}{C_v}\frac{\partial u}{\partial x} + \frac{1}{C_v}\frac{\lambda|u|u^2}{2D} \qquad \cdots\cdots (7.6)$$

4）状態方程式

$$P = \rho R\theta \qquad \cdots\cdots (7.7)$$

空気の圧力と密度、温度の熱力学的関係を表すものである。

式 (7.1)、(7.2)、(7.6) の三つの方程式から、流れにおける任意点の三つ

の状態量である流速と密度、温度を求めることができる。さらに、式(7.7)を用いて圧力を算出できる。

7.2.2 スタガート格子差分法

前述した式(7.1)、(7.2)、(7.6)の実際の数値計算については、図7.1に示すようにスタガード格子によって離散化する。

離散化した式を分かりやすく説明するために、計算例を挙げながら解説を行う。簡略のため、3分割した管路の中の流れ解析とする。

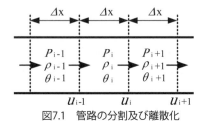

図7.1　管路の分割及び離散化

1）運動方程式

$$u_{i,j+1} = u_{i,j} - \frac{\Delta t}{\Delta x}u_{conv} - \frac{1}{\hat{\rho}}\frac{\Delta t}{\Delta x}(P_{i+1,j} - P_{i,j}) - \frac{\lambda\Delta t}{2D}|u_{i,j}|u_{i,j} \qquad \cdots\cdots (7.8)$$

ただし、Δt と Δx は計算時間刻みと分割した格子の長さである。また、i と j は格子の番号と時間刻みの番号を表す。風上差分によって対流項 $u\partial u$ は次式の u_{conv} となる。

$$u_{conv} = \frac{u_{i,j} + |u_{i,j}|}{2}(u_{i,j} - u_{i-1,j}) + \frac{u_{i,j} - |u_{i,j}|}{2}(u_{i+1,j} - u_{i,j}) \qquad \cdots\cdots (7.9)$$

$\hat{\rho}$ の計算方法については、該当速度の前後の密度の平均値を与える。例えば、u_2 を求めるときには、密度 $\hat{\rho}$ を次式で求める。

$$\hat{\rho} = (\rho_2 + \rho_3)/2 \qquad \cdots\cdots (7.10)$$

ただし、摩擦係数 λ は流体力学の理論に基づき、層流域では理論値を、乱流域では Blasius 式から計算される。レイノルズ数は次式で表される。

$$\mathrm{Re} = \frac{\hat{\rho}|u|D}{\mu} \qquad \cdots\cdots (7.11)$$

図7.2に示すように、式(7.8)の $u_{2,j}$（時刻 j の2番目から3番目格子への速度 u_2）を計算するために、時刻 j-1 のすべての状態量を使う。即ち、今の時刻の速度はすべて一つ刻み時間前の時刻の状態量から算

出する。

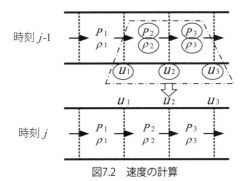

図7.2　速度の計算

２）連続の式

$$\rho_{i,j+1} = \rho_{i,j} - \frac{\Delta t}{\Delta x}\rho_{i,j}(u_{i,j} - u_{i-1,j}) - \frac{\Delta t}{\Delta x}\rho_{conv} \qquad \cdots\cdots (7.12)$$

ただし、風上差分によって対流項$u\partial\rho$は次式のρ_{conv}となる。

$$\rho_{conv} = \frac{\hat{u}_{i,j} + |\hat{u}_{i,j}|}{2}(\rho_{i,j} - \rho_{i-1,j}) + \frac{\hat{u}_{i,j} - |\hat{u}_{i,j}|}{2}(\rho_{i+1,j} - \rho_{i,j}) \qquad \cdots\cdots (7.13)$$

$\hat{u}_{i,j}$の計算方法については、該当密度の前後の速度の平均値を与える。例えば、ρ_2を求めるときには、次式で求める。

$$\hat{u}_{2,j} = (u_{1,j} + u_{2,j})/2 \qquad \cdots\cdots (7.14)$$

式 (7.13) の$\rho_{2,j}$（時刻jの 2 番目格子内の空気密度ρ_2）の計算に使うすべての状態量を図 7.3 に示す。

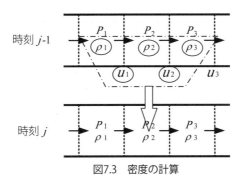

図7.3　密度の計算

3）エネルギー方程式

$$\theta_{i,j+1} = \theta_{i,j} - \Delta t \frac{4h(\theta_{i,j} - \theta_a)}{\rho_{i,j} C_V D} - \frac{\Delta t}{\Delta x} \theta_{conv} - \frac{\Delta t}{\Delta x} \frac{R\theta_{i,j}}{C_V}(u_{i+1,j} - u_{i,j}) + \frac{\lambda \Delta t}{2C_V D}|\hat{u}_{i,j}|\hat{u}^2_{i,j}$$

$$\cdots\cdots (7.15)$$

ただし、対流項 $u\partial\theta$ は次の空間に対する風上差分で表す。

$$\theta_{conv} = \frac{\hat{u}_{i,j} + |\hat{u}_{i,j}|}{2}(\theta_{i,j} - \theta_{i-1,j}) + \frac{\hat{u}_{i,j} - |\hat{u}_{i,j}|}{2}(\theta_{i+1,j} - \theta_{i,j}) \qquad \cdots\cdots (7.16)$$

熱伝達率 h は次式で求めることができる。

$$h = 2N_u \cdot k / D \qquad \cdots\cdots (7.17)$$

ここに、ヌッセルト数 N_u は下記のレイノルズ数 R_e とプラントル数 P_r の関数によって求まる。

$$N_u = 0.023 \times Re^{0.8} \times Pr^{0.4} \qquad \cdots\cdots (7.18)$$

通常、プラントル数 P_r は定数の 0.72 を与えられる。空気の熱伝導率 k は

$$k = 7.95 \times 10^{-5} \times \theta + 2.0465 \times 10^{-3} \qquad \cdots\cdots (7.19)$$

から求められる。速度と密度と同様に、式 (7.16) の $\theta_{2,j}$（時刻 j の 2 番目格子内の空気温度 θ_2）の計算に使うすべての状態量を図 7.4 に示す。

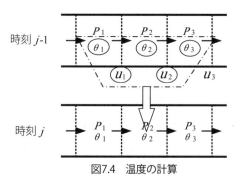

図7.4　温度の計算

7.3 境界条件の設定及び計算例

　前述した数値計算では、一つ刻み時間前の該当格子とその前後の状態量が必要とされている。そのため、管路両端にある格子内状態量の計算には前述の差分法は適用しない。この際、境界条件を含めて考慮

しなければならない。

　実際の管路解析には境界条件が様々あるが、ここに、図 7.5 に示すような管路を例として境界条件の設定などを説明する。電磁弁を開くと、初期圧が大気圧の管路内空気が電磁弁を通過して右側の定圧真空側に流れ込む。管路は長さ 4915[mm]、内径 4[mm] のものである。大気温度は 16.8[℃] である。定圧真空の圧力は真空減圧弁によって 20[kPa(abs)] と一定に設定している。こうした条件で管路内空気の過渡応答を求める。まず、管路を 20 分割する。分割数が多いほど計算精度が上がるが計算時間が長くなってしまう。通常、数十個程度の分割が一般的である。

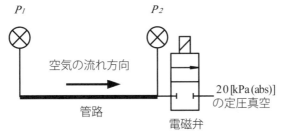

P_1　　　　　　　　　P_2

空気の流れ方向

20[kPa(abs)]
の定圧真空

管路

電磁弁

図7.5　計算例の管路

　図 7.5 に示したように、管路の左端が密封されているため、左から 1 番目の格子 No.1（$i=1$）では空気の流出しかない。したがって、管路の左端においては、格子 No.1 をチャンバーとして扱い、チャンバーからの流出速度によってチャンバー内の圧力と温度、密度の変化を求める。管路の右端においては、左から 20 番目の格子 No.20 の右側にある空間を No.21 の格子とし、その圧力を定圧真空、その温度、密度を定数として扱う。

　管路内の状態量の初期値については、各格子の圧力に大気圧、温度に大気温度、流速にゼロの値を与える。電磁弁を開くと、管路内の状態量の変化は、右端から左端へ伝達していく。言い換えると、状態量の変化が右端、すなわち下流側から起こる。しかしながら、この方法ではすべての状態量を一つ刻み時間前の時刻の状態量より計算しているため、計算上では空間の順序がない。

　計算と数値計算の結果を図 7.6 に示す。図 7.6 に示したように、電磁

弁を開くと、下流側圧力 P_2 は急激に降下するが、上流側圧力 P_1 は応答が遅くれている。この遅延は音速の伝播速度と管路の長さによって決まる。また、圧力 P_2 が急激に降下する途中で降下速度が緩やかになる部分も見られる。これは管路内非定常流れに起因した波動によるものである。管路内空気圧力の過渡応答の数値解析結果が実験とよく一致していることから、格子差分法は管路内流れの解析に十分有効であることが分かる。

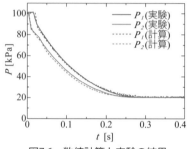

図7.6　数値計算と実験の結果

7.4　粗さを持つ管路の圧力損失

図 7.7 にムーディー線図と呼ばれる管路の圧力損失実験値を示す。

$$\triangle P = \lambda \frac{\ell}{d} \frac{\rho}{2} p u^2 \qquad\qquad \cdots\cdots (7.20)$$

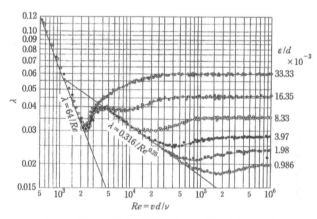

図7.7　砂粒を付けた粗さのある円管の摩擦係数 [4)]

第8章

圧縮空気のエネルギー

　本章では、圧縮空気の有効エネルギーについて説明し、その定義や計算式の導出、温度の影響、運動エネルギーとの関係、損失要因などを詳しく解説する。また、空気圧システムにおいて PV 線図を用いて空気状態変化のサイクルにおける損失も示す。その後、圧縮空気の有効エネルギーの流束、すなわち時間に対する有効エネルギーの微分値と定義されるエアパワーを述べる。

　各過程と仕事は図 3.2 の PV 線図に示す．塗りつぶした面積は空気の圧縮（膨張）における仕事である．

8.1　空気圧の省エネルギー

　1997 年の地球温暖化防止京都会議以来、機械加工、組立等を生産工程に含む業種において電力消費率が 10 ～ 20 ％も占める空気圧システムを対象に、様々な省エネルギーの取り組みが展開されてきた。その中の多くでは空気消費流量を基準に省エネ効果を評価している。

　このような評価体系では、カップラ接続や分岐・合流などに起因した管路内圧力損失によるエネルギー損失を評価できない。これは空気流量が変わらなく損失がないことになってしまうためである。しかしながら、コンプレッサで同じ流量の圧縮空気を吐出する場合、吐出圧力を 0.7[MPa(G)] から 0.6[MPa(G)] に下げると消費電力が通常約 8％ 削減できると一般に知られている。空気消費のエネルギーコストがコンプレッサの消費電力であることから、空気消費エネルギーは流量だけでなく、圧力にも依存することが容易に理解できる。

　現在、空気消費エネルギーを圧力と体積流量の積で表す方法が一部の省エネの現場に使われている。実に、この積は次式に示すように圧力を考慮せずに、大気圧状態に換算した体積流量のみを表すものとなっている。

$$PQ = P_a Q_a \qquad\qquad \cdots\cdots (8.1)$$

ただし、P と Q は空気の絶対圧力と加圧状態下での体積流量、P_a と Q_a は大気圧力と大気状態に換算した体積流量である。

　空気が圧縮性流体のため、圧力が高ければ高いほど、圧縮に必要とされる仕事が多くなる一方、空気が持つエネルギーも高い。このエネルギーは有効エネルギーのことを指す。有効エネルギーには空気の圧縮性が考慮されているため、圧力損失に対する評価も可能となる。

8.2　圧縮空気の有効エネルギー

8.2.1 空気圧システムにおけるエネルギー変換

　空気圧システムは通常、大気環境に囲まれて運転しており、圧縮機で電動機のトルク出力エネルギーを圧縮空気に蓄え、配管網を通してアクチュエータなどの端末設備へ輸送し、そこで仕事をなし機械エネルギーに還元させる。配管網では流動摩擦や調質機器による抵抗のため、圧力損失が生じ一部のエネルギーが散逸する。このようなエネルギーの流れでは、空気が大気状態→圧縮状態→圧縮状態(圧力が若干低下する)→大気状態のようなサイクル変化をしている。よってエネルギーの変換・散逸が空気の状態変化に反映され、圧縮空気に蓄えられたエネルギーは空気の状態量で表すことが可能であると考えられる。

　これを検証するために、大気状態→圧縮状態に当たる圧縮過程と、圧縮状態→大気状態に当たる仕事過程をそれぞれ検討し、その中のエネルギー変換と空気状態変化との関係を調べる。

8.2.2 空気の圧縮と仕事

　空気の圧縮と仕事過程は圧縮機とアクチュエータの種類によって異なり、いずれも複雑なものである。ここに便宜を図るため、構造の最も簡単なレシプロ型の圧縮機と空気圧シリンダを扱い、また摩擦力などを無視した理想的過程を用いて検討を行う。

　一般には圧縮機から吐出された空気が必ず大気温度になってから使われる。こうした圧縮空気を作るには、大気から空気を吸い込み等温変化で圧縮を行えば所要仕事が最小となる。図8.1左側に示すレシプロ型の圧縮機を扱い、その理想圧縮と必要な仕事を次のように考える。

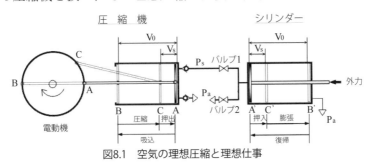

図8.1　空気の理想圧縮と理想仕事

1) 吸込過程：位置 A から位置 B までピストンを引き、大気から空気を準静的に吸い込む。

$$W_{A->B} = 0 \qquad \cdots\cdots (8.2)$$

2) 圧縮過程：バルブ1が閉まっている状態で位置 B から位置 C までピストンを押し、等温変化で密封された空気を大気圧から供給圧 P_s まで圧縮する。

$$W_{B->C} = \int_{V_0}^{V_s} (P - P_a) \cdot (-dV)$$

$$\qquad\qquad\qquad\qquad\qquad\qquad \cdots\cdots (8.3)$$

$$= P_s V_s \ln \frac{P_s}{P_a} - P_a (V_0 - V_s)$$

3) 押出過程：バルブ2を閉じ、バルブ1を開く。その後、位置 C から位置 A までピストンを押し、圧縮した空気を完全に出口に押出す。このとき、シリンダのピストンを一定の外力を加えることによって空気の圧力を P_s に保つ。

$$W_{C->A} = (P_s - P_a)V_s \qquad \cdots\cdots (8.4)$$

等温圧縮のため、$P_a V_0 = P_s V_s$ が成立する。前述した三つの過程に必要とされるトータル仕事は次式に求まる。

$$W_{ideal\_compress} = P_s V_s \ln \frac{P_s}{P_a} \qquad \cdots\cdots (8.5)$$

一方、シリンダでは圧縮過程で作られた圧縮空気が供給され仕事がなされる。最も多くの仕事を得るために等温膨張をさせる。図8.1右側に示したシリンダの理想仕事を次のように考える。

1) 押入過程：位置 A から位置 C まで供給圧 P_s のままでピストンを押しながら準静的に押入れる。

$$W_{A'->C'} = (P_s - P_a)V_s \qquad \cdots\cdots (8.6)$$

2) 膨張過程：供給を遮断し、押入れた圧縮空気を等温変化で供給圧 P_s から大気圧 P_a になるまで膨張させ、ピストンを位置 C から位置 B まで動かす。

$$W_{C'->B'} = \int_{V_s}^{V_0} (P - P_a) dV$$

$$\qquad\qquad\qquad\qquad\qquad\qquad \cdots\cdots (8.7)$$

$$= P_s V_s \ln \frac{P_s}{P_a} - P_a (V_0 - V_s)$$

3) 復帰過程：ピストンの両側を大気に開放し、位置 B から位置 A までピストンを戻す。

$$W_{B->A} = 0 \qquad\qquad \cdots\cdots (8.8)$$

等温膨張のため、$P_a V_0 = P_s V_s$ が成立する。上述した三つの過程で外部に対してなされた仕事は次式に求まる。

$$W_{ideal\_work} = P_s V_s \ln \frac{P_s}{P_a} \qquad\qquad \cdots\cdots (8.9)$$

実際に、圧縮過程と仕事過程のいずれにおいて、様々な損失があり、次の不等式が成立する。

$$W_{compress} \ge P_s V_s \ln \frac{P_s}{P_a} \ge W_{work} \qquad\qquad \cdots\cdots (8.10)$$

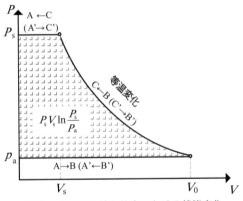

図8.2　空気の圧縮と仕事における状態変化

各過程と仕事は図 8.2 の PV 線図に示す．塗りつぶした面積は空気の圧縮（膨張）における仕事である．

8.2.3 有効エネルギーの定義

空気圧システムでは圧縮機も含めた空気圧機器が大気環境下で運転されている。これに基づき圧縮空気の有効エネルギーを定義する。圧縮空気の有効エネルギーとは、大気の温度や圧力の状態を基準にとり、それらに対して相対的なエネルギーを定義したもので、圧縮空気から取り出して有効仕事に変換できるエネルギーを表す。この定義及び前述した理想仕事によると、流れている圧力 P_s、体積 V_s の圧縮空気の有効エネルギーは次式で表される。

$$E = P_s V_s \ln \frac{P_s}{P_a} - (P_s - P_a) V_s \qquad \cdots\cdots (8.11)$$

式 (8.10) によると、有効エネルギーは圧縮空気が駆動機器でなす最大仕事に相当するもので、圧縮機で圧縮空気を作り出すのにかかる最小圧縮仕事とも等しい。有効エネルギーは圧力と体積に依存し、大気圧の時にゼロとなり、同じ体積でも圧力が高ければ高いほど大きいという特性を持っている。式 (8.11) を時間に対して微分すると、エアパワーとなる。

$$\dot{E} = \frac{dE}{dt} = PQ \ln \frac{P}{P_a} = P_a Q_a \ln \frac{P}{P_a} \qquad \cdots\cdots (8.12)$$

上式によると、図 8.3 左に示すように流量計と圧力計を組み合わせることによって空気の瞬時流量 Q と圧力 P を計測すれば瞬時エアパワーを測定することは可能となる。ここで、流量計の即応性が要求されている。図 8.3 の右の写真が示したのは著者らが開発したエアパワーメータであり、速い応答性を有する流量計が用いられている。この流量計は Quick Flow Sensor (QFS) と呼ばれ、50Hz まで応答可能なものである。流量計の動作原理について第 10 章で詳しく紹介されている。

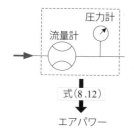

図8.3　エアパワーメータ

8.2.4 空気温度の影響

式 (8.12) に示したのは大気温度時のエアパワーである。大気温度ではないとき、その理論計算は次の式によって行われる。

$$\dot{E} = P_a Q_a \left[\ln \frac{P}{P_a} + \frac{\kappa}{\kappa - 1} \left(\frac{\theta - \theta_a}{\theta_a} - \ln \frac{\theta}{\theta_a} \right) \right] \qquad \cdots\cdots (8.13)$$

ただし、θ は空気の絶対温度、θ_a は大気の絶対温度、k は空気の比熱比である。図 8.2 は流量 1000[dm³/min(ANR)] のときのエアパワーと温

度との関係を示すものである。図 8.4 に示したように、空気の温度が
大気温度と離れるほどエアパワーが増える。言い換えると、空気の状
態が基準状態の大気状態と離れるほど、そのパワーが大きい。熱力学
の観点から考えると、圧縮空気は、その圧力や温度が周囲の大気環境
と異なり、力学的、熱的に平衡状態にない。平衡状態にない系は平衡
状態まで状態変化でき、仕事をする能力を持っている。実に、エアパワー
はこの能力を表すものである。

　工場では、圧縮機から吐出される圧縮空気は通常、温度が大気温度
より 10 ～ 50[℃] 高い。図 8.4 によると、そのエアパワーが数パーセ
ント増える。このようなエアパワーを評価するに際し、温度差による
増加分の扱いを注意する必要がある。一般に、空気源から吐出された
圧縮空気は温度が高くても、殆どが端末設備まで輸送される途中でクー
ラーや自然冷却によって大気温度までに回復する。すなわち温度差に
よる有効エネルギーの分は輸送中で散逸する。そのため、このような
圧縮空気のエアパワーの算出は、等圧変化で大気温度まで膨張させた
後のエアパワーを計算した方が実際的である。こうすると、空気温度
が大気温度からずれても、式 (8.11) はそのまま使える。

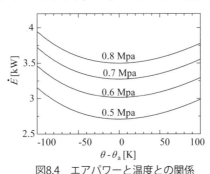

図8.4　エアパワーと温度との関係

8.2.5 運動エネルギーの取扱い

　式 (8.11) には空気流動による運動エネルギーが考慮されていない。
運動エネルギーが機械的エネルギーなので、前述した有効エネルギー
と同様に機械仕事へ完全に変換できる。厳密に言うと、運動エネルギー
も空気の有効エネルギーの一部である。空気の質量が小さいが、その
運動エネルギーは無視できると断言できないので、流速の速さによっ

て検討する必要がある。運動エネルギーを時間に対して微分すると、それによるエアパワーは

$$\dot{E}_k = \frac{1}{dt}\left(\frac{1}{2}mv^2\right) = \frac{8\left(P_a Q_a\right)^3}{R\theta\left(P\pi d^2\right)^2} \qquad \cdots\cdots (8.14)$$

となる。ここに、m は空気質量、v は空気の平均流動速度、R は空気のガス定数、d は配管直径である。この部分のエアパワーの割合を計算すると、図8.5に示すような結果が得られる。平均流動速度が100[m/s]以下のときには、運動エネルギーの割合は5％にも達しなくて無視できるが、それ以上のときには、無視できない程度にある。工場の配管では流速がほとんど、100[m/s]以下となっているので、式(8.14)の分を加算しなくても良い。しかし、流速の速い空気圧機器におけるエネルギー収支を解析する場合は運動エネルギーを考慮しないと、エネルギーのバランスが崩れてしまうため、式(8.14)の分を加算する必要がある。

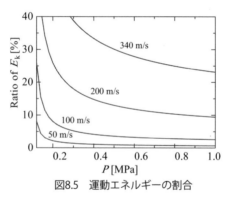

図8.5　運動エネルギーの割合

8.2.6 有効エネルギーの損失要因

　空気圧システムにおける損失は実質的に有効エネルギーの損失である。そのため、有効エネルギーの損失を招く要因を知っておく必要がある。

　有効エネルギーはエクセルギの一種として、エクセルギの散逸法則に従う。この法則はエントロピ増加の法則である熱力学第二法則である。この法則により、不可逆変化ではエントロピが増加し、エクセル

ギが減少する。そのため、圧縮空気の有効エネルギーの散逸をもたらすのは不可逆変化である。

　空気圧システムにおける不可逆変化を大別すると、機械的不可逆変化と熱的不可逆変化の2種類があり、それらに当たる具体的要因は次の通りに挙げられる。

1)　機械的不可逆変化
①外部摩擦
　空気が管路内で流れるときには、管の内壁で摩擦が発生し、空気の流動に抵抗力を与える。空気が管路内で流動するときの圧力損失は主に、この摩擦に起因するものである。
②内部要因
　流体が管路内で流れるときに、粘性による内部摩擦力や流れの乱れ、渦などの内部要因に起因する損失も無視できない。圧縮空気が絞りや継手を通過するときに、流れの乱れや渦が生じる。

2)　熱的不可逆変化
①外部熱交換
　空気圧システムでは空気の温度が圧縮、膨張を伴い変化しやすいため、外部環境との熱交換が多い。最も交換量の多いのは空気が圧縮機で圧縮された直後の冷却処理である。また、容器の充填・放出、空気が絞りを通過した後の温度回復過程などで外部との熱交換もある。

　空気が断熱に圧縮された後で大気温度まで冷やされる等圧過程を対象にし、その有効エネルギーの散逸量を試算すると、絶対圧力 0.6[MPa]の場合に 23.4% の計算となる。
②内部要因
　容器への充填では高圧空気が低圧空気に流れ込み、これが内部混合に当たる。このような混合が不可逆なので、有効エネルギーの散逸が発生する。例えば、絶対圧力 0.6[MPa]、体積 1[dm^3] の圧縮空気を絶対圧力 0.3[MPa] の空気が蓄えられた体積 10[dm^3] の容器に等温変化で充填すると、充填量の約 3 割に相当する 359[J] の有効エネルギーが散逸することになる。

　前述した損失要因はエアパワーの損失を裏付けるものなので、それらの理解は重要である。

　図 8.2 に示した空気のサイクルは等温変化を仮定したものであるが,

実際のサイクルは温度の変化や抵抗による損失や摩擦などを伴うことがほとんどであり，図 8.6 は実際の一例を示す．ここで，図 8.1 の圧縮機とシリンダのシステムを用いて説明する．まず，空気を圧縮機に吸い込む．次に，バルブ 1 を閉じてから空気を圧縮する（①→②）．空気は圧縮されるとき，温度が上昇するため，同じ容積に圧縮するには等温の状態より多くの仕事が必要となる．その後，バルブ 1 を開いてバルブ 2 を閉じる状態で空気をシリンダ側に押し込む（②→③）．この時，空気は周囲と熱の交換が生じることから温度と圧力が徐々に下がる．同時に，シリンダのピストンが右方向に移動する（④→⑤）．空気が圧縮機からシリンダに流れるとき，抵抗が存在するため，シリンダ側の圧力は圧縮機の圧力よりやや低くなっている．全部の空気はシリンダに流れ込むと，バルブ 1 を閉じてバルブ 2 を開くことによって圧縮された空気を排出する（⑤→⑥）．最後に，シリンダのピストンを最初の位置に戻す（⑥→①）．

8.3 空気圧サイクルから見た損失

この一連の過程で空気が電動機から受けた仕事は

$$W_{compress} = \text{Area of } ①②③A① \qquad\qquad \cdots\cdots (8.15)$$

となり、状態経過点より囲まれる区域の面積である。一方、圧縮空気の消費に当たる空気圧シリンダでの仕事過程は④→⑤→⑥→①で表現でき、その仕事量は次式で求まる。

$$W_{work} = \text{Area of } ④⑤⑥A④ \qquad\qquad \cdots\cdots (8.16)$$

両者の差はシステムの損失となる。

$$\Delta W = W_{compress} - W_{work}$$
$$= \text{Area of } ①②③④⑤⑥① \qquad\qquad \cdots\cdots (8.17)$$

図 8.6 に示したように、空気圧システムのサイクル変化の方向は①②③④⑤⑥であり、熱機関と全く逆となり、仕事を熱に変換するものである。変換された熱は大気に散逸している。この放熱量を理想的に無くすためには、サイクルの囲む面積をゼロにしなければならない。このため、サイクル変化の行き戻りを図 8.6 に示した破線の大気等温線の上で行わせ、圧縮も仕事も等温変化にする必要がある。こうすれば、圧縮で消費された機械エネルギーは、すべて圧縮空気の有効エネルギー

に変換され、またアクチュエータで仕事に完全に還元される。こうしたシステムは全体効率が100％となり、理想のものである。しかしながら、実際の空気圧システムでは、等温変化という可逆変化は圧縮などの段階では実現が困難である。また、絞り通過や排気などの不可逆要素があるため、様々な箇所で損失が発生する。

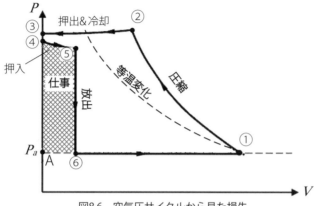

図8.6　空気圧サイクルから見た損失

第9章

空気圧シリンダの作動

　本章では、空気圧シリンダの作動特性に注目して速度制御回路を述べる。その中でも圧倒的に多く使われているメータアウト回路を取り上げ、速度制御のメカニズムや基礎方程式、無次元応答などを検討する。特に、シリンダ選定で最も重要となる全ストローク時間を支配する主な無次元パラメータを詳しく説明する。最後に、駆動におけるエネルギー配分について解説を加える。

9.1　速度制御回路

　空気圧シリンダは手軽に使える駆動機器として FA などに幅広く利用されている。電動モータと比べ、搬送に多い往復直線運動が容易に得られるとともに、速度制御弁を調節するだけで安定した速度制御をメータアウト回路で簡単にできることが大きな特徴である。現在空気圧シリンダは、工業分野において PTP（Point To Point）搬送の代表的な存在となっている。この数十年、空気圧技術が発展してきたのは空気圧シリンダの普及によるといっても過言ではないだろう。

　空気圧シリンダの速度制御にはニードル構造の可変絞り弁とチェック弁の機能を併せ持った速度制御弁が一般に使われる。こうした駆動回路は速度制御弁を用いて排気流量か給気流量を調整することによってメータアウト回路とメータイン回路に大別できる。図 9.1 と図 9.2 はそれぞれの回路図である。

　メータイン回路では給気流量を調整してシリンダ速度を制御する方式であり、排気流量を調整するメータアウト回路と比べ同じ供給圧力で同じ負荷を駆動する場合にメータインの方は機器が小型化でき、消費空気量が少ないなどの利点を有する。しかしながら、駆動回路はメータイン回路よりもメータアウト回路のほうが主流となっている。各空気圧機器メーカーは「特別な場合を除いてメータアウト回路を使用する」と推薦している。この大きな理由は速度制御の容易性と安定性にあると考えられる。その容易性とは、速度が速度制御弁の開度に比例する性質を持つため速度の設定が容易にできるからであり、安定性とは、収束速度が負荷によらず負荷変動があっても速度が常に所定の速度に収束するからである。

　また、メータイン回路と比べメータアウト回路は次の二つのメリットもある。まずは作動初期に背圧があるため始動加速度が小さくメー

タイン回路のような飛び出しがない。次は作動中に排気側の圧力が一定の値に保たれるため終端部にあるクッションの能力を十分に引き出せる。

　そこで、次にメータアウト回路の作動特性について述べる。

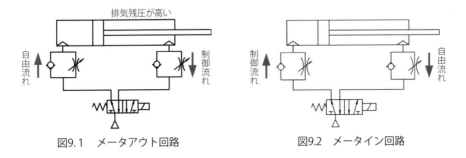

図9.1　メータアウト回路　　　　　図9.2　メータイン回路

9.2 メータアウト回路

　前述したメータアウト回路の速度制御の容易性と安定性については、ここで基礎方程式を検討して理論的に解明していく。

9.2.1 基礎方程式

　空気圧シリンダの駆動回路を図 9.3 に示す。このときシリンダの運動を表す基礎方程式は以下の通りである。

1) 状態方程式

　給気側と排気側の室内空気の状態方程式をそれぞれ微分すると、

$$V_c \frac{dP_c}{dt} = -S_c P_c u + R\theta_c G_c + \frac{P_c V_c}{\theta_c} \frac{d\theta_c}{dt} \qquad \cdots\cdots (9.1)$$

$$V_d \frac{dP_d}{dt} = S_d P_d u + R\theta_d G_d + \frac{P_d V_d}{\theta_d} \frac{d\theta_d}{dt} \qquad \cdots\cdots (9.2)$$

が得られる。ただし、S はピストンの受圧面積、θ_a は大気温度、下付き添字 c と d はそれぞれ給気側と排気側を表す。

2) エネルギー方程式

　熱伝達率を一定としてエネルギー収支から次の温度変化の式はそれぞれ求められる。

$$\frac{C_v P_c V_c}{R\theta_c}\frac{d\theta_c}{dt} = C_v G_u(\theta_a - \theta_c) + R\theta_a G_c - S_c P_c u + h_c S_{hc}(\theta_a - \theta_c) \qquad \cdots\cdots (9.3)$$

$$\frac{C_v P_d V_d}{R\theta_d}\frac{d\theta_d}{dt} = R\theta_d G_d + S_d P_d u + h_d S_{hd}(\theta_a - \theta_d) \qquad \cdots\cdots (9.4)$$

ここに、C_v は空気の定積比熱、h は熱伝達率、S_h は伝熱面積である。

3）運動方程式

　ピストンの摩擦力 F_f はおよそ次式で表示できる。

$$F_f = \begin{cases} F_s & u = 0 \\ F_c + cu & u \neq 0 \end{cases} \qquad \cdots\cdots (9.5)$$

ここに、F_s は静止摩擦、F_c は動摩擦である。また、c は粘性摩擦係数であり、ピストンの速度に掛けて粘性摩擦を算出する。よって、ピストンの運動方程式は

$$M\frac{du}{dt} = S_c P_c - S_d P_d - P_a(S_c - S_d) - F_f - Mg\sin\alpha \qquad \cdots\cdots (9.6)$$

となる。ただし、P_a は大気圧である。

4）流量式

　自由流れの給気の流量と制御流れの排気の流量は、前々回に述べたようにそれぞれ次式で与えられる。

$$G_c = C_c P_s \rho_0 \sqrt{\frac{\theta_0}{\theta_a}}\phi(P_s, P_c) \qquad \cdots\cdots (9.7)$$

$$G_d = -C_d P_d \rho_0 \sqrt{\frac{\theta_0}{\theta_d}}\phi(P_d, P_a) \qquad \cdots\cdots (9.8)$$

$$\phi = \begin{cases} 1 & P_2/P_1 \leq b \\ \sqrt{1 - \left(\dfrac{P_2/P_1 - b}{1 - b}\right)^2} & P_2/P_1 > b \end{cases} \qquad \cdots\cdots (9.9)$$

　ただし、C と b はそれぞれ流れ通路の音速コンダクタンスと臨界圧力比、ρ_0 と θ_0 は標準状態における空気密度と空気温度である。上述した式 (9.1)-(9.9) を連立すると、空気圧シリンダ両側の圧力と温度、ピストンの変位と速度は求まる。

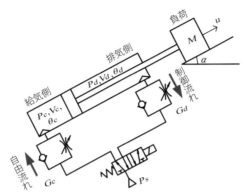

図9.3　負荷を駆動するメータアウト回路

9.2.2 速度制御のメカニズム

　ピストンが動くと排気側室内空気が排出される一方、ピストンから押し込み仕事も受けるため内部で大きな温度変化は生じない。また、シリンダ壁との熱交換も十分速く理論解析からピストン速度が一定であれば室内の空気が等温状態となる。排気側室内空気の状態変化を等温変化とすると、式 (9.2) と (9.8) を連立して次式が得られる。

$$V_d \frac{dP_d}{dt} = P_d \left[S_d u - R \theta_d C_d \rho_0 \sqrt{\frac{\theta_0}{\theta_d}} \phi(P_d, P_a) \right] = P_d S_d (u - u_0) \qquad \cdots\cdots (9.10)$$

ここに、u_0 は空気圧シリンダの平衡速度である。

$$u_0 = \frac{1}{S_d} R \theta_d C_d \rho_0 \sqrt{\frac{\theta_0}{\theta_a}} \phi(P_d, P_a) \qquad \cdots\cdots (9.11)$$

式 (9.10) から、ピストン速度が平衡速度より高くなると排気側の圧力が上昇してピストンを減速させ、逆にピストン速度が平衡速度より低ければ排気側の圧力が下がってピストンを加速させることにより、ピストン速度を平衡速度に近づける性質があることが分かる。

　通常、排気側の排気は殆どが音速流れとなっているため、平衡速度は次式で表される。

$$u_0 = \frac{1}{S_d} R \theta_a C_d \rho_0 \sqrt{\frac{\theta_0}{\theta_a}} \qquad \cdots\cdots (9.12)$$

すなわち排気側の絞りの音速コンダクタンス C_d のみで決まる平衡速度

に対して速度のフィードバックループが存在することがわかる。

9.2.3 無次元パラメータと無次元速度応答

前述した式 (9.1)-(9.9) の無次元化を行えば、空気圧シリンダのメータアウト駆動回路の無次元モデルが得られる。無次元モデルにおける無次元パラメータとそれらの速度応答を表 9.1 に示す。従来で無次元慣性係数として使われている J パラメータは表 9.1 に示した無次元固有周期 T_f^* に関するパラメータである。

$$J = \frac{S_d P_s L}{M u_0^2} = \left(2\pi \frac{T_p}{T_f}\right)^2 = \left(\frac{2\pi}{T_f^*}\right)^2 \qquad \cdots\cdots (9.13)$$

また、従来で無次元負荷係数として使われている G パラメータは表 9.1 に示した無次元負荷 F^* に相当するものである。

$$G = \frac{Mg \sin \alpha}{S_d P_s} = F^* - \frac{F_c - P_a(S_d - S_u)}{S_d P_s} \qquad \cdots\cdots (9.14)$$

空気圧シリンダを選定する際、全ストローク時間は最も重要な量である。各無次元パラメータが全ストローク時間に及ぼす影響を図 9.4 に示すと、負荷と給気側ピストン受圧面積の無次元パラメータの影響が大きいことが分かる。実際に給気側ピストン受圧面積の無次元パラメータは変動範囲が狭いため、無次元負荷のみでおおよその全ストローク時間は把握可能である。慣性や粘性、伝熱などは考慮しなくても良い。

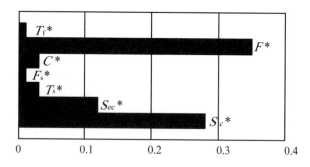

全ストローク時間の変化

図9.4　各無次元パラメータの全ストローク時間への影響

表9.1　無次元パラメータとそれらの速度応答

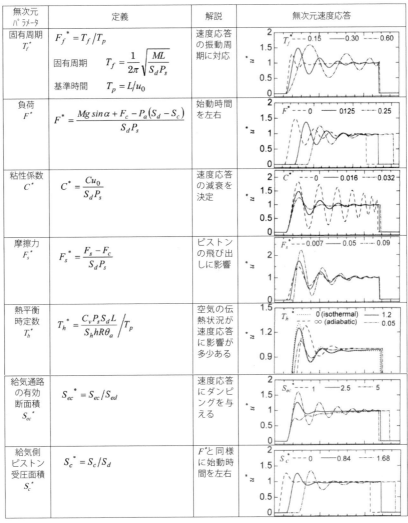

無次元パラメータ	定義	解説	無次元速度応答
固有周期 T_f^*	$F_f^* = T_f / T_p$ 固有周期　$T_f = \dfrac{1}{2\pi}\sqrt{\dfrac{ML}{S_d P_s}}$ 基準時間　$T_p = L/u_0$	速度応答の振動周期に対応	
負荷 F^*	$F^* = \dfrac{Mg\sin\alpha + F_c - P_a(S_d - S_c)}{S_d P_s}$	始動時間を左右	
粘性係数 C^*	$C^* = \dfrac{Cu_0}{S_d P_s}$	速度応答の減衰を決定	
摩擦力 F_s^*	$F_s^* = \dfrac{F_s - F_c}{S_d P_s}$	ピストンの飛び出しに影響	
熱平衡時定数 T_h^*	$T_h^* = \dfrac{C_v P_s S_d L}{S_h h R \theta_a}\Big/ T_p$	空気の伝熱状況が速度応答に多少の影響がある	
給気通路の有効断面積 S_{ec}^*	$S_{ec}^* = S_{ec} / S_{ed}$	速度応答にダンピングを与える	
給気側ピストン受圧面積 S_c^*	$S_c^* = S_c / S_d$	F^*と同様に始動時間を左右	

注：C－ピストン粘性摩擦係数，C_v－定積比熱，F_c－クーロン摩擦力，F_s－最大静止摩擦力，h_d－熱伝達率，L－シリンダ全ストローク，M－負荷質量，P_a－大気圧，P_s－供給圧力，R－ガス定数，S_c－給気側ピストン受圧面積，S_d－排気側ピストン受圧面積，S_h－伝熱面積，S_{ec}－給気側通路の有効断面積，S_{ed}－排気側通路の有効断面積，u_0－平衡速度，α－シリンダ水平角度，θ_a－大気温度

9.2.4 エネルギー配分

　前述で解析した空気圧シリンダの応答により、供給した空気の有効エネルギーが作動中にどのように配分されるかも解析可能となる。その配分の解析例を図9.5に示す。図9.5に示したように、加速、内部摩擦、伝熱による有効エネルギーの損失は相対的に小さく、負荷移動、速度制御、排気などの損失の三つへのエネルギー配分が大部分を占めていることがわかった。その中で負荷への仕事と速度制御に使われる有効エネルギーは約60%あり、利用されずに捨てられる有効エネルギーは3割程度でしかないことがわかった。また、空気圧シリンダは速度制御に多くの有効エネルギーを必要としていることも分かった。

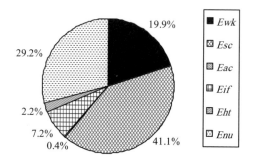

注：Ewk －負荷移動，Esc －速度制御，Eac －加速，Eif －内部摩擦，Eht －伝熱，Enu －排気などの損失

図9.5　空気圧シリンダ内のエネルギー配分

第10章

空気の流量計測

　本章では、流量計測に関する基礎知識を解説しながら、空気圧システムに常用されている面積式と熱式の流量計を説明する。その後、近年開発が進められてきた層流型とMEMS式の2種類の高速応答流量センサを簡単に紹介する。

10.1　空気の流量計測

　空気圧システムにおいては圧縮空気の圧力や流量などを対象とした様々な計測がある。その中、圧力計測は空気供給やシステム作動などに要求され、また廉価な圧力計も市販されているため、空気圧機器や生産設備に広く用いられている。一方、流量計測はシステム作動に必要でないことや流量計が取り扱いにくいなどの理由から、空気圧システムには普及していないのが実態である。しかしながら、これからは空気圧エネルギーの管理が厳しく求められる時代になりつつあり、流量計測の需要が拡大していくと予想される。

　空気の流量を計測するにあたっては、空気の状態変化の扱いが大変重要である。空気は圧縮性流体であるため、その体積が圧力や温度の変化によって容易に変わる。体積流量を表記する際には、換算基準の空気状態の併記が必ず必要となる。流量の表示及び換算では間違いが生じやすいので注意を要する。流量の表示及び換算については第1章を参考されたい。

　現在の流量計はプロセスプラントへの使用を中心に開発されたものが多く、必ずしも低コストや取り扱いの容易さを特徴とした空気圧システムに適用しない。また、半導体産業への応用を背景に、空気ばね式除振台などの高速応答を要する空気圧制御システムでは応答性の速い流量計が求められており、市場では一部の高速応答流量センサが販売されている。

10.2　流量計測に関する基礎知識

10.2.1 空気の消費量（体積流量と質量流量）

　流量とは単位時間に管路など任意の断面を通して流体が移動する量のことをいう。その移動量は、単位時間に流れる体積で測定される場合には体積流量（または容積流量、volumetric flow rate）、単位時間に

流れる質量で測定される場合には質量流量（mass flow rate）と呼ぶ。通常、体積流量を Q、質量流量を G で表記する。

　体積流量の表示値は殆どが計測状態下での体積流量ではなく、第2章の表2.5に示した基準状態（1[atm]、0[℃]、NTP）、国内標準状態（1[atm]、20[℃]、STP）または ISO 標準状態（100[kPa]、20[℃]、ANR）に換算したものである。今までは日本国内では基準状態が多用されてきているが、JIS 規格の ISO 規格への統合が進んでいる中、今後は ISO 標準状態の使用が拡大していくだろう。

　質量流量表示の場合は圧力や温度などの条件に依存していないため、次式に示すように換算基準が異なる体積流量間の換算に役立つ。

$$\rho_{NTP}Q_{NTP} = \rho_{ANR}Q_{ANR} = G \qquad \cdots\cdots (10.1)$$

　空気圧システムでは流量関係で空気消費量（air consumption）という計測項目がある。空気消費量とは、機器や設備の1回の作動あるいは単位時間に消費される空気の体積のことである。消費流量の変動を考慮すれば機器や設備の1サイクル作動においての体積または平均流量は一般に次式のように取り扱われている。

$$V = \int_{1cycle} Qdt \quad \text{または} \quad \overline{Q} = \frac{1}{T_{1cycle}} \int_{1cycle} Qdt \qquad \cdots\cdots (10.2)$$

　空気消費量の表示値は、流量と同様に消費状態の圧力や温度下でのものではなく、標準状態に換算したものが殆どである。

10.2.2 定常流と非定常流

　時間軸上の変化によって、空気の流れは定常流（steady flow）と非定常流（unsteady flow）に大別される。流れのどの場をとっても、速度・圧力・密度などで表される流れの状態が時間的に変化しない流れを定常流、変化する流れを非定常流という。

　空気圧システムでは、圧縮機から吐出する空気やシリンダに供給する空気、さらに工場配管を流れる空気は機器の作動タイミングによって変動しており、殆どが非定常流である。今日まで非定常流計測用の高即応答流量計がなかった。そのために、このような流れを計測する際、実質的に平均流量が用いられている。空気消費量を把握する目的で計測を行う場合には、計測精度が5%以内であれば十分であり、また積算値が目標なので、応答性の速くない汎用流量計を使用しても差し支

えないと考えられる。しかしながら、流量をフィードバックするなど制御用の場合には、即応性が求められるため、瞬時流量が測れる高速応答流量センサが必要となる。

10.2.3 流量計の精度と不確かさ

　流量計は様々なタイプがあり、計測原理や内部構造も千差万別であるが、測定流量範囲や使用圧力範囲、繰返し精度、応答時間などの仕様項目が共通する。誌面の関係ですべての項目を解説しない。ここに誤解を招きやすい、精度と不確かさだけを解説する。

　精度（accuracy）は測定結果の正確さと精密さを含めた、測定量の真の値との一致の度合いをいう。なお、正確さとは偏りの小さい程度、精密さとはばらつきの小さい程度を示す。しかしながら厳密には真の値が本当に分からないとするのが不確かさの考え方である。現状の流量計測で使用される精度はメーカーが公表する最大誤差の限界、いわゆる基準動作条件のもとで許容される誤差の限界である。入力を上下に繰り返しても、一致性やヒステリシス、不感帯などを含んだ誤差がその範囲内であることを意味している。その表し方として、次の2種類の表示方法がある。

1）フルスケール精度（%F.S. または %Span）

　レンジの上限値に対する誤差の百分率である。

$$E_{F.S.} = \pm\frac{\Delta Q}{Q_{max}} \times 100 \qquad (\%) \qquad \cdots\cdots (10.3)$$

ただし、ΔQ は流量誤差、Q_{max} は測定レンジの上限値である。流量計はこのフルスケール精度で表示する場合が多い。フルスケールにおいて低い流量を計測するときに相対誤差が大きくなる。そのため、この精度を採用した流量計では、測定範囲の下限値をレンジのほぼ10%以上としている。

2）指示精度（%R.D. または %Rate など）

　指示値に対する誤差の百分率である。

$$E_{R.D.} = \pm\frac{\Delta Q}{Q} \times 100 \qquad (\%) \qquad \cdots\cdots (10.4)$$

ここに、ΔQ は流量誤差、Q は流量の読取値である。この精度は低流量から大流量の相対誤差が同じであり、特に低流量域の精度を求める場合や、ガスメータ等の高精度を要求する流量計に用いられる場合が多い。

　測定値の信頼性を表す「精度」については従来、個人、研究分野、国家等によって実際に意図している内容が大きく異なっていたため、様々な問題が生じていた。そこで、1993年に「不確かさ」に関する国際的ルールGUMガイド（Guide to the expression of Uncertainty in Measurement）が制定され、「不確かさ」が採用され始めた。日本においても1993年に改正の新計量法で導入された。

　不確かさ（uncertainty）とは、計量器の誤差だけを評価するものでなく、上位標準器を含め、測定場所・環境、測定者の技能、測定に付帯する測定系機器のすべての誤差が、統計的論理的に加算（標準偏差値の二乗和のルート）されたものをいう。

　これまでの誤差のあり方は、真の値が分かるということが前提条件であるが、不確かさは真の値は測定できないとし、測定結果がその不確かさ範囲内に存在すると考えるものであり、測定結果の疑わしさをばらつき幅の数値で表すものである。

　現在、計量標準供給制度（JCSS）では、流量計を含め、各種計量器が国家標準にトレーサブルで不確かさが明らかなことを規定している。よって不確かさの採用が今後広がっていく中で、その概念への理解が重要になってくる。

10.3　空気圧に常用される流量計

　ワンタッチ継手が多用される空気圧の分野では、流量計が最も使われているプロセスプラントと異なり、計量器の使いやすさと低価格が求められる。そのため、常用されている流量計は必要直管部の要らない面積流量計と熱式質量流量計である。それぞれの特徴を表10.1に示す。面積流量計は基本的に下流側を大気に開放して使われるため、空気圧機器の流量特性測定など、実験室のオフライン作業への使用が多い。一方、熱式質量流量計は電気出力や積算機能も付いているため、流量監視や空気消費量の測定などのオンライン計測が殆どである。

表10.1　面積流量計と熱式流量計の特徴

項目	面積流量計	熱式流量計
検出要素	フロート位置	温度差または 供給電流変化
流量との関係	比例	比例
測定精度	± 1〜2%F.S.	± 0.5〜5%F.S.
レンジャビリティ	5〜12：1	50〜200：1
口径	1〜400mm	10〜150mm
圧力損失	小	小
可動部の有無	有	無
価格	低	中

10.3.1 面積流量計

　面積流量計は図 10.1 に示すように鉛直に取り付けられた上開きの
テーパ管とその中に自由に上下するフロートから構成される。この流
量計に下方から空気を導入すると、フロートはその前後に生ずる圧力
差による力のために上へ押し上げられ、フロートが上方へ移動するに
つれてフロートとテーパ管との流通面積が増加するので、そこを通過
する流体の速度が減り圧力差が減少して、フロートはその質量と圧力
差による力との均衡した位置で静止する。この時のフロート位置によっ
て決まる流通面積と通過する流量とは比例関係にあるので、その位置
から流量を測定することができる。

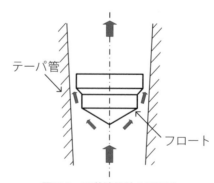

図10.1　面積流量計の原理図

フロートにかかる上向きと下向きの力の釣り合いを表す式を、テーパ管とフロートとの隙間を通過する空気の流量式に代入すると、次の体積流量が導出できる。

$$Q = CA\sqrt{\frac{2gV_f}{A_f} \cdot \frac{\rho_f - \rho_0}{\rho_0}} \qquad \cdots\cdots (10.5)$$

ただし、Q：体積流量、C：流出係数、A：流通面積、g：重力加速度、A_f：フロートの水平最大断面積、V_f：フロートの体積、ρ_f：フロートの等価密度、ρ_0：測定状態における空気の密度。

式 (10.5) により、流量測定値は測定状態における空気の密度と関係があるため、実測時の空気状態が設計時の仕様状態と異なる場合、指示値に適切な補正が必要である。通常、次の補正式が使われる。

$$Q = Q_{read}\sqrt{\frac{P}{P_N} \cdot \frac{\theta_N}{\theta}} \qquad \cdots\cdots (10.6)$$

ただし、Q：仕様状態に換算された体積流量、Q_{read}：読取値、P：測定状態の絶対圧力、P_N：仕様状態の絶対圧力、θ_N：仕様状態の絶対温度、θ：測定状態の絶対温度。ここの仕様状態は必ずしも基準状態または標準状態に限らなく、メーカーごとの確認が必要である。

10.3.2 熱式質量流量計

熱式質量流量計は、質量流量あるいは質量流速を直接に検出するため、体積流量のような状態換算の必要がなく、また圧力、温度の変化に殆ど影響されずに測定が行える流量計として、使いやすいものである。

気体用の熱式質量流量計を大別すると、主に 2 つの方式がある。一つはバイパスキャピラリ加熱式で、半導体産業に多用されるマスフローコントローラの流量計測方式としてよく知られている。もう一つは流速測定を行う熱線式で、低流速域から高流速域の広い範囲の流速を安定して測定できるものである。

熱線式はリーズナブルなコストと圧力損失が小さいことから近年急成長しており、空気圧分野にもその使用が拡大している。ここでは熱線式のみを紹介する。

熱線式質量流量計は図 10.2 に示すように、管内に設けられた熱線（ヒータ部）と温度センサにより流速測定を行う。加熱した金属細管を気流中に置き、単位時間に失う熱量 q は質量流速 ρu、加熱金属細管と

非加熱金属細管の温度差 $\Delta\theta$ の関数となる。$\Delta\theta$ 温度差 を加熱電子回路により一定となるように制御すれば、質量流速 ρu は発熱量を支配する金属細管の電圧 V および電流 I から求められる。

$$\rho u = F(V, I) \qquad\qquad \cdots\cdots (10.7)$$

従って、質量流量は次式より算出される。

$$G = \rho u \cdot A \cdot K_p \cdot K_0 = F(V, I) \cdot A \cdot K_p \cdot K_0 \qquad\qquad \cdots\cdots (10.8)$$

ただし、A は配管断面積、K_p は平均流量への補正係数に相当するプロフィールファクタ、K_0 は配管内占めるセンサの大きさから算出されるオプスカレーションファクタである。

　熱線式は流速計なので、検知部の前の入口に必ず金網などの整流格子が設けられている。また検知部が汚れに弱いので、清浄な空気の使用が前提であることに注意を要する。

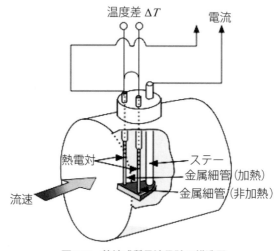

図10.2　熱線式質量流量計の構造図

10.4　高速応答流量センサ

　最近では半導体製造装置や燃料電池の流量管理、エンジンや人工呼吸器の流量制御などにおいて、定常のみらず、非定常流量計測が非常に重要となっている。しかし、空気の密度は温度と圧力の関数となる

ことから、非定常流量計測は極めて困難であり、市販されている流量計の動特性が 10[Hz] 程度のものが殆どである。そこで、近年の MEMS 技術を用いた熱式流量センサが開発され、非定常流量計測への適用が行われている。また、同じく MEMS 技術を用いて製作された静電容量式をはじめとする高精度、高分解能の差圧センサを利用した差圧式流量計も用いられている。次に、著者らが提案した高速応答計測を実現すべく差圧を利用した層流型流量計を紹介する。また、MEMS 式マイクロフローセンサの仕組みも簡単に紹介する。

10.4.1 層流型高速応答流量センサ

近年、小型で高応答の差圧計が開発され、この差圧計を利用して高速応答性に優れた層流形流量計が開発された。以下、QFS(Quick Flow Sensor) と呼ぶ。QFS の構造と外観を図 10.3 に示す。流路内に非常に多くの細管を挿入した層流エレメントにより構成される。 QFS は基本的に差圧式流量計の一つである層流形流量計である。ここで細管 1 本に着目する。この内部の流れが層流状態であると仮定すれば、ハーゲ

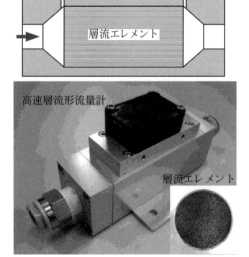

図10.3　層流型高速応答流量センサの構造と外観

ンポアゼイユの定理から、細管内での圧力損失は測定流量と比例関係にあることが知られている。QFSはその細管の集合体であるため、細管の本数倍することで流量レンジの調整が可能である。また、オリフィスと異なり、測定流量が圧力差の平方根とならないため、レンジアビリティを広く確保でき、応答性も優れている。なお、QFSでは、層流素子前後の圧力差を差圧計により測定して流量を求める方式をとっている。

　本層流形流量センサの性能を評価する上で、静特性および動特性について検討を行った。静特性の計測結果を図10.4(a)に示す。横軸に差圧を縦軸に流量を示す。この結果より、層流形流量計の特徴である、測定流量が圧力差と線形関係にあることが確認できる。この関係を関数で与え、それを非定常流量測定時に、圧力差から流量への換算に用いている。動特性の検証実験には、等温化圧力容器を用いた非定常流量発生装置を使用した。等温化圧力容器と非定常流量発生装置について13章に詳しく紹介される。流量計に50[Hz]の振動流を与えた実験結果を図10.4(b)に示す。QFSは発生流量をよく計測できていることを確認できる。

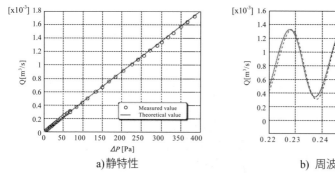
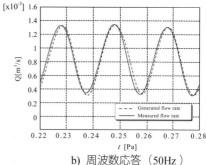

a)静特性　　　　　　　　　b) 周波数応答（50Hz ）

図10.4 層流形流量計の特性

10.4.2 MEMS 式マイクロフローセンサ

　MEMS 式マイクロフローセンサは発熱体と温度測定素子を MEMS 技術で半導体基板上に製作したセンサチップを検出部とする流量計である。

　図 10.5 に示すように、センサチップの流れがないときの温度分布は、上下流側に対称となり両側の温度センサに温度差はないが、流速に応じて温度分布が下流側に傾斜する。両側の温度センサの温度差を差動増幅して流量信号として検出する。シリコンウエハーから形成された厚さ数 μm の微細なエレメントにより熱容量が小さいため、流速に対して高感度になり 10[mm/s] 以下の流速が検出可能で、センサ単体で 300：1 の広い計測範囲と 2[ms] の高速応答を有している。また、低消費電力という特長も持つ。

　空気圧用途においては、前述した 2 種類の高速応答流量センサの空気圧制御システムや漏れ検出などへの応用が今後期待される。

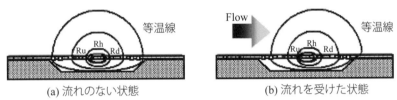

(a) 流れのない状態　　　　　　　(b) 流れを受けた状態

図10.5　MEMS式マイクロフローセンサの計測原理

第11章

空気圧サーボ弁

　本章では、空気圧サーボ弁の主なタイプについて解説する。まず、流量比例制御弁と圧力比例制御弁の構造や動作原理、特性表示などを述べる。次に、ノズルフラッパ型サーボ弁の分類や構造、動作原理、さらにノズルフラッパ機構の特性解析を説明する。

11.1　空気圧サーボ弁の分類

　空気圧サーボシステムは電気サーボモータの普及により一般に高湿や強磁場、防爆要求などの悪環境下での使用に限られていた。近年、空気の柔らかさや熱・磁場が発生しないことから再評価され、ステッパ用精密除振台や医療福祉機器への応用が拡大されている。

　空気圧サーボシステムを構成する際、制御要素機器として空気圧サーボ弁は必要である。空気圧サーボ弁とは電圧あるいは電流のアナログ入力信号に応じて出力流量や圧力を連続的に制御するバルブと広義に定義されている。

　空気圧サーボ弁を大別すると、図 11.1 に示すように比例制御弁とノズルフラッパ型サーボ弁がある。比例制御弁は入力信号の大きさに比例して流量または圧力を出力するものであり、電気から空気への変換のため電空変換器や電空比例弁と呼ばれる場合もある。一方、ノズルフラッパ型サーボ弁は出力が必ずしも入力信号に比例しないが、感度が良く高精度制御に適している。そのため、空気サーボ弁をノズルフラッパ型サーボ弁のみに限定する呼び方も多い。

　比例制御弁には制御出力によって流量比例制御弁と圧力比例制御弁がある。比例制御弁で流路を調整する主弁はスプール弁とポペット弁が主流となっている。このような主弁は流量を出力しないときに閉じなければならない。そのため、流量ゼロ点付近では不感帯が生じ制御弁が非線形をもたらし制御精度が若干低下する。しかしながら、比例制御弁は安価や大流量対応、入出力の比例関係からの使いやすさなどの特長があるので、空気圧サーボ弁の汎用タイプとして一般に幅広く使われている。

　一方、ノズルフラッパ型サーボ弁は主弁を持たず、ノズルフラッパ機構を利用してノズルの上流側で入力信号に応じた背圧を出力するものである。流量を出力しない時にノズルを閉じる必要がないため、不感帯がなく感度が非常に高い。しかし、背圧部から大気へ常にリリー

フする必要があり、空気消費量が多く大流量への対応が難しい。現在、ノズルフラッパ型サーボ弁は除振制御などの高精度空気圧制御に利用されることが多い。

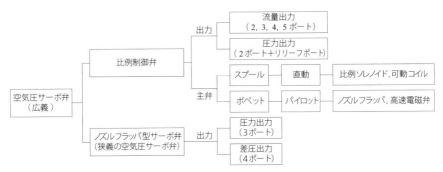

図11.1 空気圧制御弁の分類

11.2 比例制御弁

11.2.1 流量比例制御弁

　入力信号に応じて出力流量を変えるものであるが、実際に入力信号に比例して出力するのは流量ではなく、制御弁の有効断面積である。有効断面積を比例に変化させるためには、スプールの主弁を使用することが圧倒的に多い。このときスプールの変位を入力信号に比例させればよい。スプール構造はあまり流体力を受けないため直動駆動方式が殆どである。スプールの駆動部としては安価の比例ソレノイドが多く利用されている。近年、スプールの位置決め精度を高めるためには、高精度位置センサを駆使してスプールの変位を検出し、フィードバックでスプールの変位を制御する流量比例制御弁が増えている。この場合に可動コイルやフォースモータなどがスプールの駆動に使われている。従来制御上で解決困難なオーバーラップによる不感帯問題は近年、加工精度の向上と前述した位置決めシステムの導入によって大きく改善され、流量比例制御弁を使った高精度制御系の構築はしやすくなりつつある。

　図11.2は位置決めシステムを導入した流量比例制御弁を示す。スプール位置のフィードバック制御をして入力信号に比例した弁開度を出力

する。位置検出用の変位センサがスプールの右側に取り付けられている。さらに、スプール位置決め精度を高めるために、空気圧軸受を用いて摩擦力の低減を図る。また、直動のため周波数応答が 200[Hz] 以上可能である。

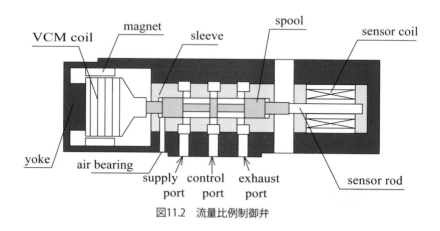

図11.2　流量比例制御弁

11.2.2 圧力比例制御弁

　圧力比例制御弁は出力圧力を弁内に導き入力信号による力と釣り合わせ、フィードバックシステムで出力圧力を制御するバルブである。主弁には殆どポペット弁が使われている。図 11.3 に一つの汎用タイプの圧力比例制御弁を示す。出力圧力が入力信号によって設定されたダイヤフラム上のパイロット室の圧力とバランスを取り、所定値より低ければ主弁が開度の大きい下の方向に押され、高い場合にはダイヤフラムが上に押され排気弁が開かれ、出力側の空気が排気弁を通して大気に逃げさせられる。これは通常のパイロット型減圧弁と同じ仕組みである。その相違点は、圧力の設定が手動のハンドルではなく、電気信号であることにある。実際に圧力比例制御弁は電空レギュレータと呼ばれることも多い。

　直動式は圧力比例制御弁で一部の低圧出力のものを除きあまり使われない。その理由は出力圧力が直接にダイヤフラムにかかり、目標圧力を設定するには、大きな力が必要とされるためである。パイロット圧の設定には通常、ノズルフラッパ機構が使用されるが、PWM（パル

ス幅変調）制御下の高速電磁弁を利用することもある。

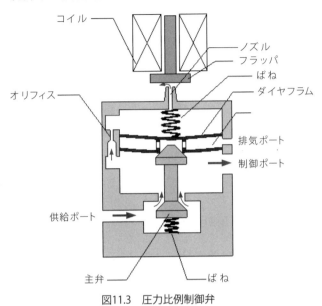

図11.3　圧力比例制御弁

11.2.3 特性表示

　制御弁の静特性については、流量比例制御弁は入出力特性（入力信号 V.S. 制御弁の有効断面積）のみがあるが、圧力比例制御弁は入出力特性（入力信号 V.S. 出力圧力）と流量特性及び圧力特性がある。流量と圧力特性とは流量と供給圧力の変化による出力圧力への影響を示すものである。これらの静特性は通常、製品カタログに載っているため、詳しくは製品カタログを参照されたい。

　動特性については、ステップ応答特性と周波数特性がある。流量比例制御弁はパイロット室などの一次遅れ要素がないため応答が速く、高速制御系の構築に適している。その応答は一部の制御弁で 100[Hz] を超えており空気圧の制御系と比べ十分速いので、実際に動特性の影響が無視されることが多い。一方、圧力比例制御弁は弁内にパイロット室や制御出力室などのチャンバーがあるため、応答性が流量比例制御弁と比べ若干低下する。応答性を要求しない遠隔圧力設定などの場合に多く用いられている。

11.3　ノズルフラッパ型サーボ弁

11.3.1 分類及び動作原理

　ノズルフラッパ型サーボ弁を出力および構造から分類すると、主に図 11.4 に示すような 3 種類がある。

1) 圧力出力の単ノズルの 3 ポート弁：可動コイルや圧電素子、コイルでフラッパを動かしてノズルとのすきまを変化させることにより、固定絞りとノズルの間の背圧（C ポート）を制御する。このタイプは小流量のパイロット圧制御に多く利用されている。

2) 圧力出力の双ノズルの 3 ポート弁：トルクモータでアマーチャフラッパを傾斜させノズルとのすきまを調整することにより、二つのノズルの間にある圧力（C ポート）を制御する。単ノズルのタイプと比べ、固定絞りがないため圧力及び流量の出力範囲が広い。ノズルフラッパ型サーボ弁の主流タイプである。

3) 差圧出力の 4 ポート弁：双ノズルの 3 ポート弁と似た構造を持つが、二つのノズルの上流側に二つの固定絞りを組み込んでいる。フラッパを動かすと、二つのノズルとのすきまが違い両側の出力側（C1 とC2 ポート）に差圧が生じる。この差圧出力タイプは両ロッド複動シリンダの制御に適し、除振台の水平除振アクチュエータなどに使用されている。

　ノズルフラッパ型サーボ弁は圧力比例制御弁と同様に圧力を制御するが、流量範囲や制御分解能、応答性などの使用要求によって使い分けられている。

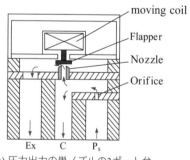

(a) 圧力出力の単ノズルの3ポート弁

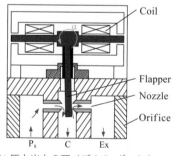

(b) 圧力出力の双ノズルの3ポート弁

図11.4　ノズルフラッパ型空気圧サーボ弁

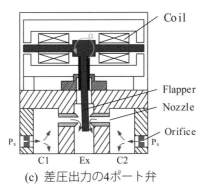

(c) 差圧出力の4ポート弁

図11.4　ノズルフラッパ型空気圧サーボ弁

11.3.2 ノズルフラッパ機構の特性解析

次に、単ノズルのサーボ弁を例とし、容積一定の容器内の圧力を制御する典型的なノズルフラッパ機構を図 11.5 に示す。その数学モデルを検討すると次の通りである。まずは状態方程式 $P_c V_c = m_c R \theta_c$ を微分すると、次式が得られる。

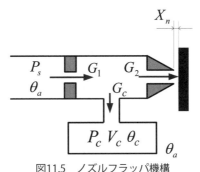

図11.5　ノズルフラッパ機構

$$\frac{dP_c}{dt} = \frac{R\theta_c}{V_c}\frac{dm_c}{dt} + \frac{m_c R}{V_c}\frac{d\theta_c}{dt} = \frac{R\theta_c}{V_c}\left(G_1 - G_2\right) + \frac{m_c R}{V_c}\frac{d\theta_c}{dt} \qquad \cdots\cdots (11.1)$$

次にエネルギー保存則から次式が求まる。

$$\frac{d\theta_c}{dt} = \frac{R\theta_a}{C_v m_c}\left(G_1 - G_2\right) + \frac{Q}{C_v m_c} = \frac{R\theta_a}{C_v m_c}\left(G_1 - G_2\right) + \frac{hS_h}{C_v m_c}\left(\theta_a - \theta\right) \qquad \cdots\cdots (11.2)$$

ここに、C_v は空気の等積比熱、Q は外部からの伝熱量、h は熱伝達率、S_h は熱伝達面積である。

131

　平衡点（平衡圧力 P_{ref}）付近で線形化を行うと、式 (11.1) と式 (11.2) から図 11.6 に示すようなブロック線図が得られる。その中にある a は流量ゲインである。流量ゲイン a は圧力変化に対する流量変化の比率を表すものであり、次式で定義される。

$$a = \frac{\Delta G_c}{\Delta P_c} = \frac{\Delta G_1 - \Delta G_2}{\Delta P_c} \qquad \cdots\cdots (11.3)$$

図 11.7 に示すように、制御側に圧力が平衡点から ΔP_c ずれると、G_1 と G_2 が変化し制御側に $\Delta G_1 - \Delta G_2$ の流量が流れ込む。流量ゲイン a が大きいほど、制御系の応答が速い。

　通常、簡略化のため制御側の温度変化を等温変化として扱うことが多い。このとき図 11.6 に示したブロック線図の熱伝達の部分は不用となる。この時の伝達関数は

$$F(s) = \frac{1}{1 + T_p s} \qquad \cdots\cdots (11.4)$$

と書くことができる。ここの T_p は制御系の時定数である。

$$T_p = \frac{V_c}{a R \theta_a} \qquad \cdots\cdots (11.5)$$

前述した数学モデルにより、ノズルフラッパ機構の動特性解析は行える。

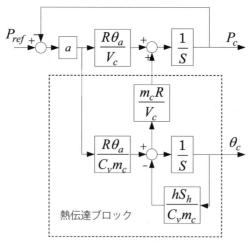

図11.6　ノズルフラッパ機構のブロック線図

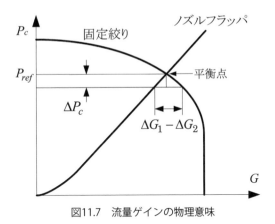

図11.7　流量ゲインの物理意味

また熱平衡時定数 T_n は

$$T_n = \frac{C_v W}{S_n h} \qquad \cdots\cdots (11.6)$$

$$K_a = \frac{T_p}{T_n} \qquad \cdots\cdots (11.7)$$

として無次元化される。

第12章

空気圧制御システム

本章では、空気圧制御システムの分類を解説し、さらに最も基本的な制御系である空気圧容量系の圧力制御、空気圧シリンダの位置制御を対象に、ブロック線図や制御の特徴、温度の影響などを説明する。最後に、高速オンオフ弁によるデジタル制御法を紹介する。

12.1　空気圧制御システム

空気圧制御システムは高湿や強磁場、防爆要求などの悪環境に適用できるため、調節弁をはじめプロセス工業などで多く使われる。また、電気制御システムに比べ大出力、無発熱、磁場を生じないなどの特長を有し、自動車のスポット熔接装置や、熱と磁場を嫌う半導体高精度製造装置などにも使用される。空気の圧縮性を生かしたばね式除振台、車両サスペンション装置も空気圧制御システムの一種である。近年、空気圧制御システムの軽さとローコスト、また駆動シリンダ内圧力より外力を推定できることから、ロボットアームや力覚提示装置の開発が試みられている。

空気圧制御システムは前述した特長とアプリケーションを有するが、本質的に制御しにくいという欠点もある。まずは空気の圧縮性のため、システムの時定数が大きく剛性が低い。周波数応答が 10[Hz] 以下のものがほとんどである。また制御対象の容積が大きければ大きいほど応答が遅い。次に、制御対象が空気圧シリンダである場合、ピストンとシリンダ内壁の間に存在するクーロン摩擦力と粘性摩擦力の非線形と不安定性があるため、スティックスリップ運動が起こりやすく、高精密制御が困難とされている。最後に、空気圧制御機器の流量特性ではチョーク流れと亜音速流れがあり、亜音速流れも楕円曲線となっており、これらの非線形要因による影響が大きい。よって、空気圧制御システムの特徴を把握した上で、制御環境や制御要求、精度及びコントローラ作成の容易さなどを総合的に考慮することは制御システムの構築に重要である。

12.2　空気圧制御システムの分類

空気圧制御システムは、制御目標によって次のように大別できる。
1）圧力制御

　圧力制御は空気圧ラインやタンク内の圧力を所定の圧力値に保つための制御である。制御機器として、電空レギュレータの使用は圧倒的に多い。高速応答を要する場合に、ノズルフラッパ弁や流量比例制御弁は用いられる。

2）位置・角度の制御

　空気圧シリンダの位置決め制御は組立ラインなどの生産プロセスによく要求される。この場合、位置決め精度が範囲 0.1 － 1.0[mm] にあるため、ブレーキ付き空気圧シリンダや、オールポートブロック3位置方向制御弁を用いた学習制御の利用が多い。近年、エアベアリングを用いた超低摩擦シリンダと高速応答サーボ弁の使用により、1[μm] オーダーの制御ができるようになり、一部が実用化されている。

3）力と位置の同時制御

　ロボットアームや力覚提示装置では力と位置の同時制御が要求される。特に力覚提示が要求されるマスタ - スレーブシステムでは、マスタとスレーブとの間に位置の同期制御がされると同時に、スレーブで検知された外力をマスタで操縦者に提示し、マスタに加えられた操縦力をスレーブで再現する双方向力制御が要求される。

4）加速度制御

　空気圧ばね式除振台や車両サスペンション装置では、作業テーブルや車体の加速度が0になるように制御をかける。ノズルフラッパ弁やノズルフラッパ機構の使用が多い。

5）速度制御

　電気モータと同様に空気圧モータを使用する場合、速度制御が要求される。制御性と原価性能比の良い電気サーボモータの普及により、空気圧モータの使用が少ないのは現状である。

　空気圧制御システムは制御方式により、アナログ式とデジタル式がある。アナログ式は空気圧サーボ弁を用いた方式であり、その制御信号がサーボ弁のアナログ入力信号である。通常、4 〜 20[mA] と 0 〜 5[V] の2種類がある。連続的電気信号を空気圧信号に変換する空気圧サーボ弁が使用される。空気圧サーボ弁は、ノズルフラッパ弁、流量比例制御弁と圧力比例制御弁があり、詳しくは第11章を参照されたい。デジタル式は高速オンオフ弁を用い、制御信号がオンオフ弁を開閉させるデジタル信号である。デジタル信号を制御量に変換するのはパルス変調方式である。

12.3 空気圧容量系の圧力制御

図 12.1 に示す空気圧容量系の圧力制御は空気圧制御システムの中に最も基本的である。以下にこの制御系を解説して空気圧制御システムの特徴を示す。

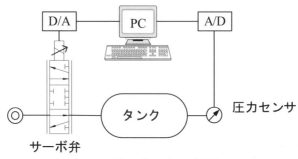

図12.1 空気圧容量系の圧力制御

12.3.1 基礎方程式とブロック線図

通常、コントローラとしては PI 制御が使用される。そのため、サーボ弁への出力は、圧力の目標値とサンプリング時刻の圧力値との差から求められ、次式となる。

$$u = \left(K_p + \frac{K_i}{s} \right)\left(P_{ref} - P \right) \qquad \cdots\cdots (12.1)$$

タンクを出入りする質量流量 G は空気がサーボ弁によって制御される。平衡点付近では入力信号の変化に対する流量変化の比率をサーボ弁の流量ゲイン a で表す。

$$a = \frac{\partial G}{\partial u} \qquad \cdots\cdots (12.2)$$

現在、多用されている流量比例弁の場合、弁の開口面積が入力信号 u に比例するため、流量ゲイン a は入力信号に依存せず、上下流の圧力などによって決められる。タンク内空気の状態方程式 $PV = mR\theta$ を微分すると、圧力の微分値は次のように得られる。

$$\frac{dP}{dt} = \frac{R\theta}{V}\frac{dm}{dt} + \frac{mR}{V}\frac{d\theta}{dt} = \frac{1}{V}\left(GR\theta + mR\frac{d\theta}{dt} \right) \qquad \cdots\cdots (12.3)$$

次にタンク内エネルギーの保存則から温度変化が求まる。

$$\frac{d\theta}{dt} = \frac{1}{C_v m}\left(GR\theta + Q_h\right) = \frac{1}{C_v m}\left[GR\theta + hS_h\left(\theta_a - \theta\right)\right] \qquad \cdots\cdots (12.4)$$

ここに、C_v は空気の等積比熱、Q_h は外部からの伝熱量、h は熱伝達率、S_h は熱伝達面積である。

　以上の式から制御系のブロック線図を描くと図 12.2 のようになる。その中、$\partial G/\partial P$ はサーボ弁の下流圧力の変化による流量変化を表すものである。チョーク状態下で使う場合にはその値が 0 となり、亜音速状態のときには下流圧力の上昇に伴って流量が減るためその値が負となる。

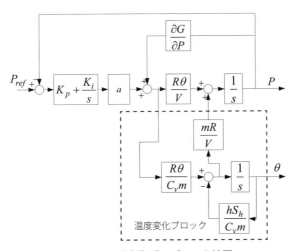

図12.2　圧力制御系のブロック線図

　ブロック線図から分かるようにタンクに空気を充填もしくは容器から空気を放出させる場合、空気の圧縮性のため容器内の空気質量の増加もしくは減少に従ってタンク内の空気の温度が上昇もしくは下降し、タンクとの熱伝達を通して大気温度に近づきながらタンク内圧力に影響を及ぼす。このような現象からタンク内の温度変化が無視できると圧力の応答性がよくなることが考えられる。タンク内の圧力変化に伴う温度変化が無視できる容器としては著者が提案した等温化圧力容器が挙げられ、詳しくは第 13 章に述べる。等温化圧力容器の場合は式

(12.4) の温度微分値が常に 0 に近い。従って、式 (12.3) の第 2 項が無視できるようになり、圧力変化は流量のみに依存する。図 12.2 に示した点線に囲まれている温度変化ブロックがなくなる。温度変化ブロックがなくなると、ブロック線図がシンプルとなり、その伝達関数は次のように求められる。

$$F(s) = \frac{As + C}{s^2 + Bs + C} \qquad \cdots\cdots (12.5)$$

ただし、$A = \dfrac{aR\theta_a K_p}{V}$

$$B = \frac{aR\theta_a K_p}{V} - \frac{R\theta_a}{V} \cdot \frac{\partial G}{\partial P}$$

$$C = \frac{aR\theta_a K_i}{V}$$

制御系の特性はこの伝達関数から容易に把握することができる。

12.3.2 温度変化の影響

　実際に多くの容量系では普通のタンクが使われる。このとき、前述したようにタンク内温度変化は無視できなくなる。式 (12.3) から明らかなように圧力の変化は流量に依存する項と温度変化に依存する項の和で示される。例えば、圧力を上昇させる場合には、空気が充填されタンク内温度が上昇し、式 (12.3) の第 2 項が正となる。その後、熱交換によって温度が少しずつ回復し、その値が 0 に近づいてくる。したがって、このような温度変化は非線形要素であり、制御系の圧力応答を遅らせる働きがある。特に圧力ではなく、その変化速度を制御するときには充填或いは放出の直後では温度変化が激しいため制御不能な領域がある。

12.4　空気圧シリンダの位置制御

　空気圧シリンダの位置制御は多く研究され、様々なコントローラが試みられたが、ここに最も基本的な内容を説明する。

　図 12.3 は 4 ポート流量比例弁を用いた位置制御系である。ポテンショメータで検知したピストンの位置をフィードバックして目標値と比較し、制御量である流量比例弁の入力信号を次式で算出する。

$$u = K_p\bigl(x_{ref} - x\bigr) \qquad\qquad \cdots\cdots (12.6)$$

K_p は制御比例係数である。その値が小さいときはシリンダの動きが遅く、目標位置まで動かない。その値を大きくすると動きが速くなるが、収束しなく振動してしまうようになる。このとき、制御系の安定性を改善するには位置に加えて速度や加速度、シリンダ圧力などの信号のフィードバックが有効である。この制御方式は状態フィードバック制御と呼ばれ、位置のほかにどのような信号が必要となるかは制御系の次数による。この例の場合、制御系の次数は3次で近似できるため、必要な信号は位置、速度、加速度の三つである。

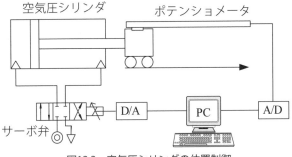

図12.3　空気圧シリンダの位置制御

12.5　高速オンオフ弁を用いた制御

この10数年、オンオフ弁は応答が速くなり、現在、小型電磁弁の普通の市販品でも100[Hz] 程度に達している。また、その寿命が1億作動回数を超えており構造も単純なため、信頼性が高い。制御信号がオンとオフのデジタル量のためコンピュータ制御に適する。

高速オンオフ弁を用いると、パルス変調方式は制御量のアナログ化に必要である。パルス変調方式には、パルス振幅変調（PAM）、パルス幅変調（PWM）、パルス位置変調（PPM）、パルス周波数変調（PFM）、パルス符号変調（PCM）等がある。そのうち、PWM と PCM は代表的である。

PWM はオンオフ弁を一定周波数のパルス列で駆動し、そのパルス幅を入力信号に応じて変化させる方式である。図12.4 に示すように、T_w

は搬送波の周期、T_c はアナログ信号に比例して変化するオンオフ弁の開時間である。両者の比 T_c/T_w はデューティ比と呼ばれる。このデューティ比を変えることによってオンオフ弁が開いている時間を制御する。2個の3ポート弁を互いに逆位相で駆動することにより、4ポートサーボ弁や比例弁と等価な機能が得られる。

　搬送波の周期 T_w は短いほど制御中の脈動が小さいが、その最小値はオンオフ弁の応答性に支配される。通常、負荷部の固有周期 T_f との比 T_f/T_w =5〜7 以上は望ましい。T_w を適当に選択すれば、搬送波成分をディザとして利用でき、空気圧シリンダの摺動部の摩擦補償に効果があり、低速制御に有効である。

　PCM はアナログ信号をサンプリングして、パルス信号に符号化し、これにより、並列されたオンオフ弁を駆動する方式である。従来では、n ビット分解能でサンプリングすると、n 個のオンオフ弁が必要とされる。それぞれのオンオフ弁の音速コンダクタンスは $C_0:C_1:\cdots:C_n =2^0:2^1:\cdots:2^n$ とする。例えば、3個の2ポート電磁弁の音速コンダクタンスを1:2:4 にすると、流量を8段階に制御することができる。しかしながら、2^n 段階の音速コンダクタンスの電磁弁は簡単に入手できない。また、シリアル通信を利用したマニホルド式が多用され、特に小型電磁弁が主流となっているため、音速コンダクタンスが段階的に変化する n 個

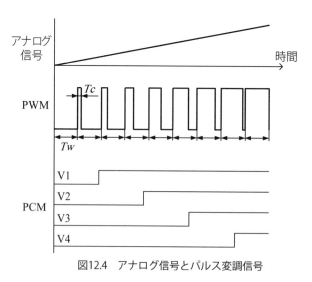

図12.4　アナログ信号とパルス変調信号

の電磁弁より、同じ有効断面積を持つ 2^n 個の小型電磁弁のほうが得られやすい。図 12.5 は同じ音速コンダクタンスの 4 個の電磁弁より組み合わせられた PCM 制御方式のパルス変調信号と空気圧回路を示す。

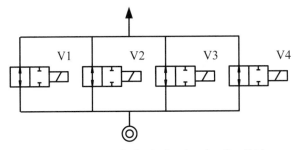

図12.5　PCM方式におけるオンオフ弁の使用
（n=4の場合）

12.6　圧縮性流体による PID 演算

　空気などの圧縮性流体の抵抗容量系の動特性を利用して PID 演算を行うことができる。本節では、この回路について解説する。

　図 12.6 は PID 演算の空気圧回路と機構の概略図を示す。設定ベローズと測定ベローズはレバーの左側にあり、中の圧力はそれぞれ設定圧力 P_r と測定圧力 P_m である。レバーの右側に積分演算のための積分ベローズと積分容器、微分演算のための微分容器と二重微分ベローズが設置され、各容器の上流側に抵抗がある。すべてのベローズの有効断面積は等しく、A とする。さらに、レバーとノズルはノズルフラッパ機構を構成する。各ベローズがレバーに働く合トルクはノズルから噴出された空気の反力トルクと釣り合って出力圧力 P_c を決める。微小な変動を検討する場合、線形化されたブロック線図を図 12.7 に示す。

　次に、平衡の状態から設定圧力 P_r をステップ状に増加させる場合を考え、設定圧力と測定圧力との差を ΔP とする。レバーのバランスが崩れ少し右に回転する。それによってノズルの背圧（出力圧力）が増加し、ΔP_c が生じる。同時に微分ベローズの内容積の圧力は同時に同じく変化するが、微分ベローズの外容積と積分ベローズの上流側に容器と抵抗が存在するため圧力は遅れて変化する。通常、積分演算の抵抗 R_i は微分演算の抵抗 R_d より非常に小さいので、最初の動作はほぼ積分演算

の部分に影響されないことになる。よって、図 12.7 のブロック線図を
図 12.8 に書き直して次式の形に整理することができる。

$$\Delta P_c = k_{pd}(1 - \frac{k_d}{T_d s + 1})\Delta P$$

$\cdots\cdots$ (12.7)

ここに、k_{pd}, k_d, T_d は係数である。

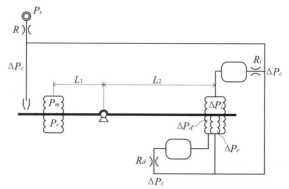

図12.6　PID演算の空気圧回路

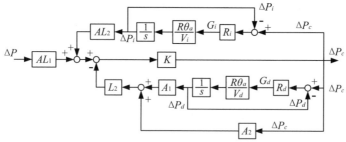

図12.7　PID演算のブロック線図

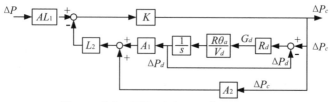

図12.8　積分の影響を無視したブロック線図

　時間が経つことによって積分ベローズの圧力ΔP_iが徐々に大きくなり、レバーをノズルに近付けるように回転トルクが発生する。それによって、ΔP_cがさらに増大する。ΔPが存在するかぎり、ΔP_cが増え続ける。この時、微分ベローズの圧力は常にΔP_cと同じであると考え、図12.7のブロック線図は図12.9に簡略にされる。ΔPとΔP_cとの関係は次式で表される。

$$\Delta P_c = k_{pi}(1+\frac{k_i}{T_i s+1})\Delta P \qquad\qquad \cdots\cdots (12.8)$$

ここに、k_{pi}, k_i, T_iは係数である。

　式(12.7)と(12.8)により、ΔPのステップ状の上昇に応じるΔP_cの変化は図12.10になる。まず、ΔP_cは上昇する。その後、微分ベローズの外容積の圧力が増加し、ΔP_cがある程度に下がる。時間が経過すると、積分ベローズの圧力ΔP_iが徐々に上がり、レバーがノズルに近付くようになる。ΔP_cも上がり続ける。このようにこの機構はΔPの比例・微分・積分の出力を模擬することができる。

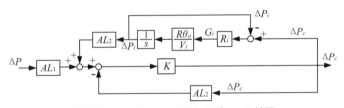

図12.9　微分の影響を無視したブロック線図

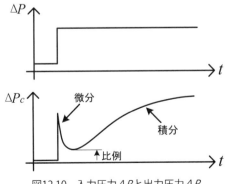

図12.10　入力圧力ΔPと出力圧力ΔP_c

145

第13章

ガス供給システム

　図 13.1 に都市ガス供給システムを示す。現在日本の LNG はほとんどが液化天然ガスとして輸入され、受け入れ基地で気化されて消費者に送り届けられる。都市ガスもプロパンガスも圧縮性流体であるため、ガス定数や粘性係数を変えれば本圧縮性流体の計測制御が応用範囲が広がる。都市ガスはガスパイプラインとの管路で移送され、空気圧配管とは材質やサイズや設置条件が相違する。基本の方程式は空気圧制御システムの扱いと同じである。

　高圧ライン、中圧ライン、低圧ラインと減圧されて、一般の家庭需要家には 2.1kPa の圧力で供給される。

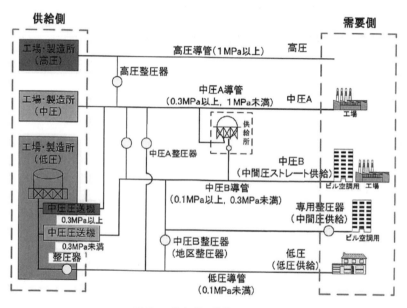

図13.1　都市ガス供給システム

　図 13.2 に代表的が圧力制御弁、ガスガバナを示す。上流の圧力を負荷流量にかかわらずに一定の圧力に減圧するもので、特徴としては流体が可燃性のガスであるために防爆でなくてはならないことと、空気

圧のように大気中に安易に放出するブリードが行えないなどの条件が加わる。この制御弁はＡＦＶ：Axial Flow Control Valve と呼ばれ、円筒状のゴムが変形して流路を構成する特徴がある。

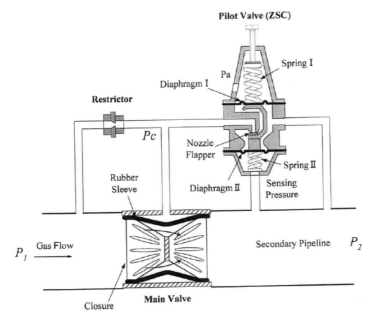

図13.2　AFV:　Axial Flow Control valve

第14章

等温化圧力容器とその応用

　本章では、等温化圧力容器の原理から非定常流量計測や非定常流量発生への応用まで詳しく解説する。

14.1　等温化圧力容器とは

　圧力容器は空気圧システムにバッファータンクとして使われているのは周知のことである。空の容器への充填・放出を伴い容器内空気温度は激しく 50[℃] ほど変化する。空気温度の解析は実際の伝熱を正確に把握することが困難なので空気圧解析に最も厄介なものである。そのため、空気圧機器やシステムの解析では等温か断熱としての扱いが多い。

　図 14.1 に示す等温化圧力容器は著者の一人の香川が 1985 年に提案したもので、空気の出入りがあっても容器内空気温度が変化しない性質を持つ容器である。この性質を利用すれば容器を出入りする非定常流量を精密かつ簡単に検出できることはその最大の特長である。

図14.1　等温化圧力容器の写真

14.1.1 等温原理

　圧力容器を等温化する手段としては容器内に等温材が封入される。伝熱学から等温材に対して、次の 2 点が求められている。
1) 等温材と空気間の熱伝達面積が非常に大きい。
2) 等温材の熱容量が空気より遥かに大きい。
　前記した 2 点を満たす等温材として、線径の細い金属線や金属製綿が提案されており、線径 20 〜 50[µm] の銅線が薦められる。線径が細いほど伝熱面積が大きく空気と銅線間の熱移動をより促進するが、銅

線は線形が 20[μm] 以下になると下流側の機器に飛んでしまうことがある。現在、線径 50[μm] の銅線は最も用いられている。

14.1.2 等温性能

等温材の充填率を高めれば高めるほど等温性能が良い。しかしながら、充填率の上昇に従って装置コストが増大しており、また容器内に封入できる等温材の量は限りがあるため、ここで充填率による等温性能への影響を実験で確認する。実験用の容器の仕様は表 14.1 に示す。線径 50[μm] の銅線を用い、充填率を 3.4% から 0% までに減らし、容器の空気を放出する際の容器内温度をストップ法によって測定し、その結果を図 14.2 に示す。図 14.2 に示したように、圧力応答については充填率が低いほど、圧力降下が放出初期では速いが、放出後期では遅くなる。特に容器を空にした場合は圧力応答が大きく変わる。いわゆる銅線を少し充填しても圧力応答への影響が大きく、興味深い現象である。温度変化については、空容器の場合は容器内温度が室温より 46[K] 下がり、容器の下流側にある電磁弁で結露が発生したことも確認されている。一方、等温化を行った場合は、充填率 3.4% 時の温度降下がわずか 3[K] である。また、温度変化を 1%（絶対温度に対して 3[K] の変化）以内に抑えるためには 3.4% 以上の充填率が必要であることが図 14.2 の実験結果によって分かった。

表14.1 銅線の等温化に関連するパラメータ

	容器容積 [dm^3]	銅線（φ50μm）の充填量 [kg]	充填率 [-]	有効容積 [dm^3]	伝熱面積 [m^2]
Tank 1		1.47	3.4%	4.73	13.5
Tank 2	4.9	0.49	1.1%	4.86	4.43
Tank 3		0.25	0.57%	4.88	2.27
Tank 4		0	0%	4.9	0.03

前記により、ある圧力変化に対して容器内に等温材を適切な充填率で封入すれば、温度変化を 1% 以内に抑えることができる。こうした圧力容器を等温化圧力容器と呼ぶ。等温化圧力容器では容器内の空気温度を常に大気温度として扱える。

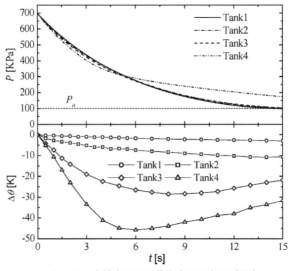

図14.2　充填率による放出中の圧力及び温度

14.1.3 等温化のメリット

容器内空気の温度が一定であれば、空気の状態方程式 $pV=mR\theta$ を全微分すると、

$$G = \frac{dm}{dt} = \frac{V}{R\theta}\frac{dP}{dt} \quad \cdots\cdots(14.1)$$

ただし、G は空気質量流量、m は空気質量、t は時間、V は容器容積、R はガス定数、θ は空気温度、P は圧力である。いわゆる容器を出入りする瞬時質量流量は容器内圧力の微分値に比例する。圧力の計測は流量より遥かに容易なので、特に非定常流量を高速に検出できる流量計はまだ少ない今、この間接計測法は非常に有用である。

14.2　等温化圧力容器の応用

14.2.1 空気圧機器の流量特性計測

　空気圧機器の流量特性計測は ISO 6358 によって音速コンダクタンスと臨界圧力比の計測法として、上流圧を固定し下流圧を変化させ、流量計を用いてそのときの定常流量を計測する方法が規定されている。しかし、この方法は静的流量特性を逐一計測するために非常に時間がかかり、空気を流し続けるためにエネルギーコストがかかり、またレンジアビリティの高い流量計を要するなどの欠点がある。

　一方で供試機器を通じて等温化圧力容器から大気へ圧縮空気を放出すると、等温化圧力容器の特長から流量計がなくても圧力計のみで放出瞬時流量を 1% 以内の精度で計測でき、供試機器の圧力－流量特性を 1 回の放出で測定できる。この方法はエネルギー消費が少なく、時間的にも十数秒程度しか要しない。

　計測装置の構成を図 14.3 に示す。計測手順としては、まずは減圧弁によって所定の初期圧力で等温化圧力容器を充填しておく。次に、供給側の仕切り弁を閉じ、パソコンから供試機器直前の電磁弁を開いて容器内の圧縮空気を大気に放出する。それと同時に容器内圧力をパソコンに記録する。最後に、容器内圧力が大気圧になると供試機器直前の電磁弁を閉じ、測定を終了する。

　記録した容器内圧力の波形は図 14.4 の上方に示される。式 (14.1) により、この波形を微分して同図の下方に示した圧力－流量特性の曲線が得られる。この曲線から音速コンダクタンスと臨界圧力比は求められる。実験により、計測誤差は音速コンダクタンスでは 2% 以内、臨界圧力比では ± 0.05 以内であることが確認された。

　こうした流量特性計測は圧力波形のみから同時にしかも瞬時に測定可能であり、短時間・省エネルギーの方法としては工業有用性が非常に高い。ISO 6358 の計測方法と比べ、計測時間が約 70 % 短縮でき、空気消費量が 95 % 以上削減できる。現在、この計測方法は日本フルードパワー工業会より ISO 6358 の代替試験法として提案され、制定された。

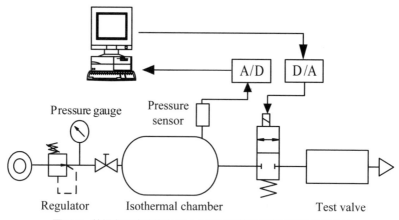

図14.3　等温化圧力容器を用いた空気圧機器の流量特性計測装置

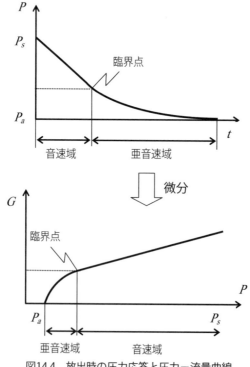

図14.4　放出時の圧力応答と圧力-流量曲線

14.2.2 空気圧機器の消費流量測定

空気圧ブローや空気圧工具などの消費流量測定は省エネルギー対策を取り組む上で大変重要である。しかし、圧縮空気の大流量、大振幅、過渡的な流量を計測することは非常に困難であるため、消費流量が急激に変化する空気圧工具などの機器の消費流量が殆ど把握されていないのは現状である。等温化圧力容器を利用すれば、このような領域での計測は可能となる。

測定装置の構成を図 14.5 に示す。図中の一点線で囲んだ部分が消費流量測定装置である。上流側より層流形流量計、等温化圧力容器を設け、末端に供試空気圧機器を設置する。層流形流量計は等温化圧力容器への流入量 Q_1 を測定する。また、等温化圧力容器は、上流側に接続された層流形流量計の測定の安定化、および容器内からの放出流量 ΔQ を算出する役割を担う。この結果、被測定対象である空気圧機器の消費流量 Q_2 は次式で求めることができる。

$$Q_2 = Q_1 - \Delta Q \qquad\qquad \cdots\cdots(14.2)$$

ここで、等温化圧力容器および圧力下で計測できる即応性の良い流量センサが必要となる。層流形流量計の即応性について第 10 章を参考されたい。

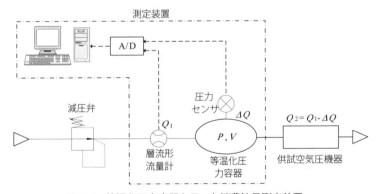

図14.5　等温化圧力容器を用いた消費流量測定装置

14.2.3 非定常流量の発生

近年、より高度な空気圧制御システムを実現する上で、流量の把握・

管理が重要となっており、高速応答性を有する流量計の開発が期待され、さらには流量計の動特性検証手法の提案が待ち望まれている。しかしながら、気体の密度は温度と圧力の関数となることから、非定常流量計測は極めて困難である。また、気体用流量計の動特性を試験する方法は確立されておらず ISO 等での規定もなされていない。よって、市販の流量計の応答性は流量を過渡的に変化させたときの応答速度を計測するのみで、評価および校正方法において大きな問題点を残していた。等温化圧力容器を利用した非定常流量発生装置はこれらの問題を解決した。

　装置の構成を図 14.6 に示す。等温化圧力容器の両側に空気圧サーボ弁は接続されている。このサーボ弁は 100[Hz] 程度まで十分応答する。基準流量に必要な計算及び制御はすべてパソコンで行っている。等温化圧力容器内から放出される流量が容器内の圧力変化と比例関係にあることから、容器内の目標圧力変化を発生しようとする流量から逆算し、サーボ弁で容器内圧力変化を制御することにより、基準となる非定常振動流を発生させる。

　目標流量を周期的な非定常流量に設定した場合の結果を図 14.7 に示し、非定常発生装置から発生する基準流量は 50[Hz] の正弦波である。発生した流量は層流形流量センサで測定した流量とよく一致している。同様の実験を行い、現在 100[Hz] までの振動流が発生可能となっている。非定常流量発生装置の下流に供試流量計を接続し、流量計の出力値と発生流量を比較することで、流量計の動特性の試験が行える。

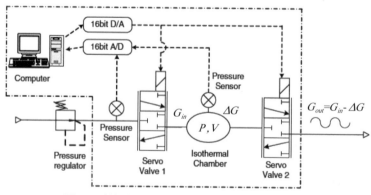

図14.6　等温化圧力容器を用いた非定常流量発生装置

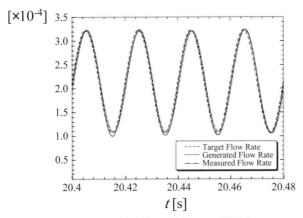

図14.7　非定常流量発生装置の発生流量

14.2.4　圧力微分計

　空気圧制御システムにおいては、圧力の微分値を用いて制御を行う場合が多く存在する。圧力の微分値を得るために、まず、圧力センサによって圧力を計測し、その圧力センサの信号から圧力の微分値を推定する。しかしながら、半導体製造装置用の超精密空気ばね式除振台では、数 P_a というたいへん微小な圧力変動を検出し、制御を行う必要がある。圧力センサの分解能の影響でその微分値の推定が極めて困難となっている。よって、圧力の微分値を直接計測するセンサが求められている。

　差圧を計測することによって圧力の微分値を計測することが可能である。図 14.8 は圧力微分計の構造を示す。図 14.8 に示すとおり、圧力微分計は圧力容器、ダイヤフラム式差圧計および層流抵抗管によって構成されている。測定対象である下部の圧力 P が変化すると、細管を通って圧力容器の圧力 P_c がわずかに遅れて変化し、その時の差圧 $(P\text{-}P_c)$ をダイヤフラム式差圧計で測定する。遅れる時間と差圧の関係から P の微分値を求めることができる。しかし、圧力容器内においては、圧力の変化を伴う温度の変化が発生するため、測定誤差が生じてしまい、センサとして不十分なものである。この問題は圧力容器を等温化にすることによって解決することができる。図 14.9 は 1 つの容器を充填する時の圧力とその微分値を測定した結果を示す。圧力計による測定値

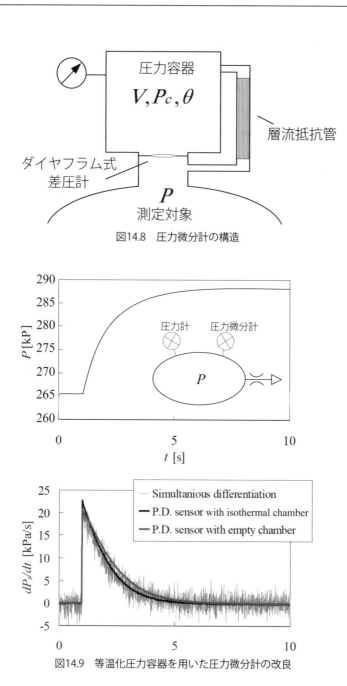

図14.8　圧力微分計の構造

図14.9　等温化圧力容器を用いた圧力微分計の改良

を同時微分した値は全体としては微分値をよく表しているが、圧力計の分解能およびノイズの影響で高周波のノイズ成分が含まれていることがわかる。一方、空の圧力容器の場合では、最大値が若干小さくなっていることがわかる。圧力容器を等温化にした場合では、測定された圧力微分値は P の同時微分と比較して遅れなく追従している。また、最大値もよい一致を示している。さらに、差圧計を使用していることから、ノイズの影響が少ないため、微分値を高分解能で精度よく検出可能であることが確認できる。

第15章

真空発生とその応用

　JISにおける真空の定義は「大気圧より低い圧力の気体で満たされた空間内の状態」のことを指す。真空は低真空、中真空、高真空、超高真空の四つのクラスに分けられている。その中に、低真空は大気圧〜100[Pa(abs)]の範囲であり、半導体ウエハーの非接触搬送装置、家庭用の掃除機や乳牛の搾乳作業などにおいて幅広く応用されている。真空を作るために、真空ポンプ以外に圧縮空気を直接の動力源とした空気圧機器がある。本章では、これらの空気圧機器の動作原理と応用例について解説する。

15.1 エジェクタ

15.1.1 動作原理

　エジェクタは図15.1に示すようにノズルとディフューザから構成されている。圧縮空気は供給ポートからノズルに供給される。空気はノズルから噴出すると、空気は膨張して流速が速くなるとともに、噴流による巻き込み効果が発生し、その近辺の圧力は排気ポートの圧力より低くなる。排気ポートが大気に開放されるとすれば吸気ポートに真空が形成される。吸気ポートの上流側の圧力は真空圧より高ければ両側の圧力差によって空気は吸気ポートを通過してエジェクタの中に流れていく。その後、吸引された空気は供給された空気と一緒に排気ポートから大気に放出される。

　エジェクタは真空発生器とも呼ばれている。しかし、使用条件によって真空は発生されない場合がある。例えば、排気ポートの圧力が非常に高い場合では、吸気ポートの圧力は排気ポートの圧力に比べ低くなるが、大気圧以下の真空にならない。もし吸気ポートの上流側の圧力は大気圧であれば、空気はエジェクタから大気へ逆流してしまう。

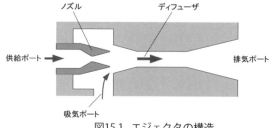

図15.1　エジェクタの構造

　エジェクタの吸気ポートの圧力と吸引流量をそれぞれPとQとする。図 15.2 は供給流量が一定に設定された時吸気ポート側の真空圧と吸引流量との関係 (P-Q 特性と言う) を示す。P-Q 特性はエジェクタの基本特性において最も重要な要素である。エジェクタには大きく分けて真空タイプと流量タイプがある。供給流量が一定に設定される場合に、真空タイプはより低い負圧を形成させることができるが、吸引流量が比較的に小さい。一方、流量タイプは大きな流量を吸引できるが、発生可能な最大真空は小さい。

　また、エジェクタの P-Q 特性はほぼ線形近似できるものが多い。図 15.3 は実測した 4 つのエジェクタの P-Q 特性であり、いずれの特性も直線によく近似されていることがわかる。

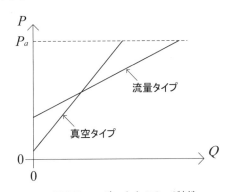

図15.2　エジェクタの$P-Q$特性

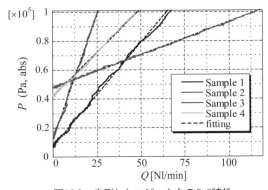

図15.3　実測したエジェクタのP-Q特性

15.1.2 真空トイレにおける応用

　近年、列車車両の軽量化と快適な車内環境を実現するため、車両用トイレにおいても空気圧システムが用いられている。そのシステムは真空式トイレと呼ばれる。汚物を負圧で吸引し、その後正圧で汚物タンクに移送するシステムである。負圧を作るにはエジェクタが用いられている。通常のトイレでは一回につき 5 〜 6[L] の水を必要とするが、真空式トイレでは、真空を発生させ便器内の汚物を吸引し便槽に収めてから洗浄水を流し便器を洗浄することで 0.15 〜 0.25[L] の水しか使用せず、水の使用量を最小限に抑えることができる。よって、車両の重量削減にもつながる。さらに真空式は汚物と一緒に周りの空気を吸い込み、その後は排出弁が閉まるので汚物の臭いが放散せず快適である。

　真空式車両用トイレの写真と空気圧システムの一例を図 15.4 に示す。図中の 14 番はエジェクタの記号である。真空式トイレのシステムは次の順番で作動する。電磁弁 8 が開きエジェクタ 14 に圧縮空気を供給しタンク 5 に真空を発生させる。また、電磁弁 6 をオープンにして水タンク 4 に 300[cc] の清水を注ぐ。電磁弁 8 と 6 を閉じてから電磁弁 7 を開けて水タンク 4 を加圧し清水で便器 17 を洗浄する。同時に、切替弁 11 で空気回路を切り替えることによってシリンダー 12 を作動させる。スライドバルブ a を開けたら負圧で便器内の汚物を予備汚物タ

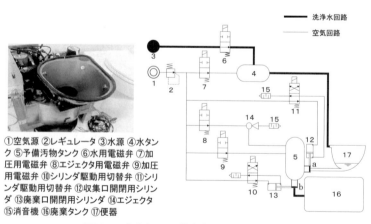

①空気源 ②レギュレータ ③水源 ④水タンク ⑤予備汚物タンク ⑥水用電磁弁 ⑦加圧用電磁弁 ⑧エジェクタ用電磁弁 ⑨加圧用電磁弁 ⑩シリンダ駆動用切替弁 ⑪シリンダ駆動用切替弁 ⑫収集口開閉用シリンダ ⑬廃棄口開閉用シリンダ ⑭エジェクタ ⑮消音機 ⑯廃棄タンク ⑰便器

図15.4　真空トイレ(株式会社テシカ殿提供)

ンク 5 に吸引する。その後、スライドバルブ a を閉めて便器と予備汚物タンク 5 を分離する。電磁弁 9 を開きタンク 5 を加圧してからスライドバルブ b を開ける。そうすると、汚物は汚物タンク 16 に移送される。

　このようにエジェクタを用いることによって快適かつ節水のトイレシステムを構築することができる。

15.2 真空による非接触搬送技術

　従来、半導体ウエハーや液晶ガラス基板などのワークを搬送・移動する時は、真空パッドを取り付けたエンドエフェクタを用いてワークを直接吸着し、または、ローラの上に乗せる方法が一般的であった。このような方式では、搬送装置がワークに接触するため、ワークに傷がつきやすく、静電気と金属汚染などの問題が多発してしまう。また、パッドとローラなどがワークと線で接触する部分において大きなストレスが発生しやすくなり、それによる破損や疵が生じる可能性が高い。空気を媒介とした空気圧式非接触搬送装置は発熱しなく磁場が生じないことから半導体などの生産に対して非常に有利である。さらに、空気圧機器はメンテナンスが容易である利点を有する。空気膜の静圧軸受効果による非接触搬送装置と、ベルヌーイの定理を利用するベルヌーイチャックは代表的なものであり、また、最近、旋回流を用いて非接触搬送を行うボルテックスカップは新しく提案されている。その中に、ベルヌーイチャックとボルテックスカップは真空を発生させることによってワークの上方から非接触で把持・搬送できる特徴を有する。次に、この 2 つの方法の動作原理などについて解説する。

15.2.1 ベルヌーイチャック

　「流速が上がれば圧力が下がる。流速が下がれば圧力が上がる」とのベルヌーイの定理により、ロートを下向きに吹いてピンポン玉を浮かすことができる。ベルヌーイチャックはこの流体の現象を利用して半導体ウエハーやガラス基板などのワークを非接触で把持・搬送する装置であり、その概略図を図 15.5 の上に示す。チャックの中心に空気の供給ポートがあり、外周に平らなスカート部が設置されている。ここで解説に用いられたチャックは供給ポートの直径が 2[mm]、スカート

部の外径が 40[mm] である。チャックの下にワークを置いた状態で空気を供給ポートに流すと、ワークとスカート部との間の円形隙間を通過する空気は断面積の拡大によって減速し、中心部で大気圧より真空が形成される。図 15.5 の下に供給流量を 23.6[10^{-5}m^3/s(ANR)] に設定され、間隔 h が 0.55[mm] になる時の圧力分布を示す。中心部に真空が形成されているので、ワークを持ち上げることができる。一方、供給される空気は大気に放出されるため、ワークとチャックの間に常に隙間が存在することから、ワークに接触することなくワークを把持できる。

　ワークとチャックとの間隔 h は圧力分布に大きな影響を与える。一定の供給流量で間隔を変えて測定した圧力分布を図 15.6 に示す。次の現象が観察されている。

●隙間の間隔の拡大によって半径方向での減速は緩和し、それにより生じた真空は弱まってくる。

●隙間入口の直後で圧力の最小値が現れ、また最小圧力の位置は間隔の拡大に伴い隙間入口の近傍から外周に移動する。これは隙間の入口で剥離が発生し、再付着点が外周にずれていくと考えられる。

●間隔 h を 0.3[mm] に設定された時の圧力分布は 0.5 と 0.80[mm] の場合と比べ、中心の分布においてより低い負圧分布が得られるが、外周の部分では大気圧以上の正圧分布が形成されている。これは隙間が狭ければ狭いほど粘性の影響が強くなるためである。

　隙間中における圧力分布の計算についていくつか難点がある。まず、多数の場合では半径方向の流速は大きい（マッハ数が大きい）ため、空気の圧縮性を無視できない。また、半径方向に沿ってレイノルズ数が大きく変化するので、乱流と乱流から層流への遷移などの影響が現れる。さらに、隙間の入口において剥離と再付着が発生し、これについて計算上で把握するのは非常に困難である。過去の研究により、ある程度の仮定の上、多くの経験式や計算式は報告されているが、適用範囲が限られているものが殆どである。ここでは、圧力分布の計算に触れないことにする。

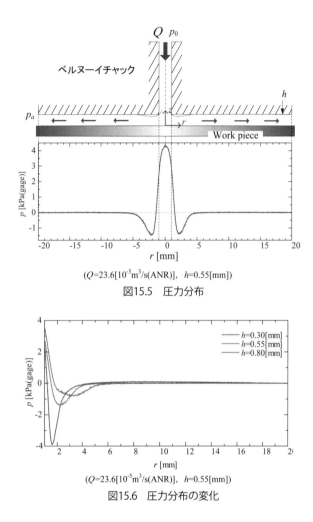

$(Q{=}23.6[10^{-5}\mathrm{m}^3/\mathrm{s}(\mathrm{ANR})],\quad h{=}0.55[\mathrm{mm}])$

図15.5　圧力分布

$(Q{=}23.6[10^{-5}\mathrm{m}^3/\mathrm{s}(\mathrm{ANR})],\quad h{=}0.55[\mathrm{mm}])$

図15.6　圧力分布の変化

　次に、チャックがワークに与える力について考察する。図 15.7 は上向きの吸引力と隙間の間隔との関係を示す。吸引力は間隔の拡大につれて上昇し、間隔が 0.55[mm] の位置で最大吸引力を達する。その後、吸引力が徐々に下がって行く。図 15.6 の圧力分布の変化を参照しながらこの傾向を説明する。隙間が狭い時 (h=0.3[mm])、中心部で低い負圧が発生しているが、粘性の影響が強いため外周に正圧の分布も

169

形成されている。よって、ワークを下に押す力が生じてしまう。隙間が 0.55[mm] に拡大されると、中心部の真空圧が下がっているが、粘性の影響が弱くなっているので外周の正圧分布がなくなり、合力は上向きの吸引力となる。しかし、間隔が 0.85[mm] に広くなると、真空圧がさらに小さくなる。間隔が無限に大きくなる極端な場合を考えれば、チャックとワークとの間はほとんど大気圧であるから、ワークに与える力がゼロとなる。よって、吸引力は徐々にゼロまでに減少する。

　よって、チャックがワークに与える吸引力は間隔の拡大につれて大きくなり、ある位置で最大吸引力に達してから徐々に下がる傾向を有する。あるワークを把持する場合を考え、破線でワークの重力を表す。定常の場合では、ワークは吸引力曲線と重力の破線が交差する位置で浮揚する。

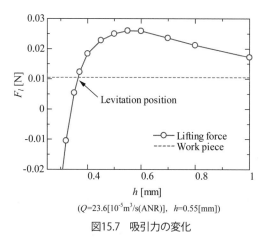

$(Q=23.6[10^{-5}\mathrm{m}^3/\mathrm{s}(ANR)]$,　$h=0.55[\mathrm{mm}])$

図15.7　吸引力の変化

15.2.2　ボルテックスカップ

　図 15.8(a) の写真はグラス中に回転している水の様子を示す。中心の液面は外周より低くなっていることがわかる。これは旋回する水において遠心力が働いているためである。このような旋回流の現象を利用するボルテックス浮揚は新しい空気圧式非接触搬送技術として応用されている。

　空気の旋回流を発生させる装置の概略図は図 15.8(b) に示す。この装置はボルテックス・カップ (以下、カップと言う) と呼ばれ、シンプル

な構成となっている。中心部に円筒室があり、円筒室の上部に接線方向のノズルが設けられている。円筒室の外周側では、フラットなスカート部が設置されている。ここで解説に用いられたカップはノズルの直径が 1.5[mm]、円筒室の直径と高さがそれぞれ 18.0[mm] と 10.5[mm]、スカート部の幅が 8.5[mm]、カップの外径が 40[mm] である。

　圧縮空気はノズルから円筒室の接線方向の向きで内部へ流れ込み、内壁に沿って旋回する。空気の回転により遠心力が発生することから、カップの中心部の圧力は外周より低くなり、負圧の分布が形成される。カップの下にワークを置くと、ワークが持ち上げられる。一方、ノズルから連続的に供給された空気は外部に流出しなければならないので、ワークとカップとの間に狭い隙間が出来る。空気はこの隙間を通過して大気に放出される。カップはワークとわずかな間隔を保ってワークを把持することができる。さらに、間隔が外乱などにより時間的に変化する場合では、スカート部とワークとの間の空気膜はスクイズダンピング効果が発生し、ワークの振動を抑える役目を果たす。

　一方、空気の回転はワークにも回転トルクを与えてしまう。通常、実際の非接触搬送システムは複数のカップから構成されている。右回転と左回転のカップをそれぞれ半分ずつ設置することによって回転トルクが発生しなくなるような設計を行っている。

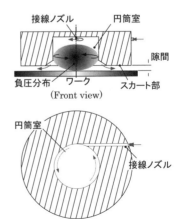

a) 回転している水　　　　b) ボルテックスカップの構造

図15.8　ボルテックスカップの動作原理

　ワークの表面の圧力分布の一例を図15.9に示す。カップの円筒室内では、旋回した空気の遠心力が存在するので、中心の圧力は外周側より真空圧まで低下している。また、円筒室の中心部における圧力分布は外周の激しい分布より非常に緩やかになっている。接線方向のノズルは片側のみに配置されているため、圧力分布は非軸対称である。カップのスカート部では、粘性の影響が強いため、圧力は大気圧より大きく、半径方向に沿って大気圧までに下がる正圧分布が形成される。

　ワーク表面の圧力分布はカップとワークとの間隔に大きく影響される。図15.10は間隔を0.2[mm]から0.7[mm]に拡大した時の圧力分布の変化を示す。隙間の間隔hが0.20[mm]から0.40[mm]まで増加する場合、スカート部の正圧分布が徐々に大気圧に下がり、また、円筒室内の圧力分布は同じ形状を保ちながらより低い負圧領域に移動する。しかしながら、隙間の間隔hが0.40[mm]以上に拡大されると、スカート部の圧力分布はほぼ大気圧となり、また、円筒室内の負圧分布が段々と大気圧に回復する。

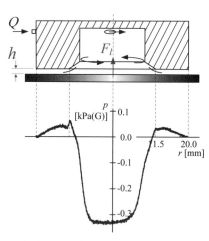

(h =0.30[mm] , Q =9.4[L/min(ANR)])

図15.9　圧力分布

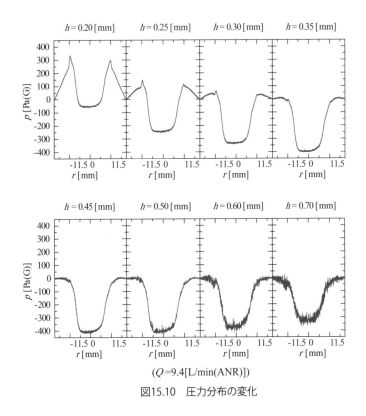

(Q=9.4[L/min(ANR)])

図15.10　圧力分布の変化

　このような圧力分布の変化に対してワークにかかる吸引力が変わる。図 15.11 は隙間間隔 h に対して吸引力の変化の実測値を示す。ワークとカップとの間隔があまり近すぎると反発力が発生するが、間隔が 0.20[mm] 以上であればワークを持ち上げる吸引力が発生する。吸引力はカップ直下約 0.4[mm] までの範囲内で間隔の増加に伴い大きくなり、最大吸引力に達する。それ以上の間隔となると吸引力は徐々に減少する。よって、一定の質量のワークを把持する場合を考え、ワークの重力を破線で図 15.11 に示すと、吸引力の曲線と二箇所で交差し、それぞれの交点を A と B 点で示す。つまり、吸引力とワークの重力は A 点と B 点で釣り合うことになる。ワークが A 点よりカップに接近する場合、吸引力がワークの重力より小さいため、ワークは自発的に A 点へ戻ることができる。また、ワークが A 点と B 点との間の区間にある場

合には、吸引力がワークの重力よりも大きいので、ワークをA点に引き戻すこととなる。しかし、ワークがB点よりカップから離れると、吸引力がワークの重力より小さいため、ワークが落下してしまう。このように、ワークは間隔がB点より小さい区間で浮揚することができ、その区間を浮揚区間と呼ぶ。なお、定常状態の場合には、通常、ワークがA点で浮揚するのでA点を安定浮揚点と言う。B点における浮揚は不安定であり、わずかな外乱があればワークはA点に行くか落下するため、浮揚境界点と言う。

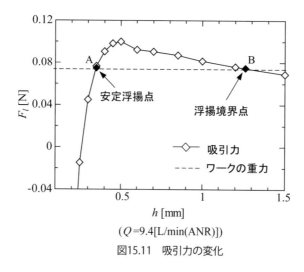

$(Q=9.4[L/min(ANR)])$

図15.11　吸引力の変化

　これまでは、旋回流による圧力分布及び吸引力と間隔との関係を明らかにした。しかし、これらの検討は定常状態に限られている。ワークを搬送・移動する際には、定常のみならず、非定常のケースが多く存在している。例えば、通常、非接触搬送システムでは、省エネのため、まず空気を遮断する状態で、カップを搭載した搬送装置をワークに接近させる。ワーク直上の浮揚区間に近づけると圧縮空気を流してワークを吸引する。ワークは安定な浮揚位置に到達するまでの挙動は典型的な非定常問題である。図15.12はワークが持ち上げられた時間隔の時間変化の実験結果を示す。

　圧縮空気をカップに流すと、吸引力の発生に伴いワークは持ち上げられる。慣性の影響のため、ワークは安定浮揚点の近傍において振動

する。しかし、ワークの振動は数周期以内でゼロまで減衰する。ワークの振動を抑えるダンピング力が存在することがわかる。このダンピング力はスカート部における空気膜のスクイズ効果により生じる。エネルギーの観点から言えば、ワークの振動エネルギーは空気の粘性損失に変換される。

　さらに、図15.12は幅8.5[mm]と13.5[mm]のスカート部を有するカップの実験結果の比較を示す。スカート部の大きいカップは、スカート部の狭いカップよりワークの振動を速く抑えていることがわかる。これはスカート部の幅が広ければ広いほどスクイズ効果が強くなるためである。

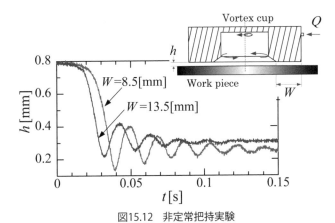

図15.12　非定常把持実験

おわりに

　空気圧は油圧に比較して安易に利用でき，コスト的にも優れている。しかしながら空気の持つ圧縮性のため解析が複雑で敬遠されて来た。特に圧縮，膨張に伴う温度変化のために解析についての入門書は見あたらない。

　本入門書では最も基本的回路として空気圧抵抗容量系の応答について解説を行った。次にアクチュエータとして多く利用される空気圧シリンダの速度制御についても解説を行った。

　空気圧シリンダの動特性としては石井良和氏（日立製作所）が東京工業大学で最初の実験を行い、藤田壽憲氏(現東京電機大学教授)が温度変化を考慮して学位論文としてまとめた。空気圧サーボとしては韓国からの留学生張志城氏（現釜慶大学校准教授）が高速性の検討を行った。

　空気圧シリンダのメータアウト速度制御において放出側の温度の変化がシリンダ及び低速におけるスティックスリップ運動の速度に及ぼす影響を渡嘉敷岸本ルイスロベルト氏(現アドテック)が考察を行った。

　電磁弁の流量特性の計測は王涛氏（現北京理工大教授）が行い，また ISO6358 として制定されている。

　抵抗要素の圧力領域による変化は韓保軍氏(現 JEOL 北京支店長)が研究を行った。等温化圧力容器は空気の状態変化を等温とする特徴を有し、その特性を巧みに利用し，川嶋健嗣氏（現東京大学教授）は圧力変化を用いて空気の非定常流量を計測する手法を開発した。

　小山紀氏（明治大学教授）は等温化圧力容器を用いて PWM 制御系を構築した。

　また舩木達也氏(現産総研)は層流式流量計で空気圧の非定常変化の計測可能である流量計(QFS)を高山清隆氏と開発した。山本円朗氏(現リバーフィールド)は等温化圧力容器を用いて空気圧エジェクターを短時間かつ省エネで特性計測可能なシステムの開発を行った。

　共著者の蔡茂林氏(現北京航空航天大学教授)は空気圧のエネルギー，すなわちエアパワーの計測概念を明らかにし、計測器であるエアパワーメータを開発した。

　加藤友規氏（福岡工業大学准教授）は空気圧防振台を QFS による

フィードバック系を構成し，高機能，省エネに優れたシステムを提案した。

　尹鍾皓氏（現アズビル）はラジアルスリット流れを解析し，浅野誠一郎氏（現長野都市ガス）は可燃性ガスのフレームアレスタに応用した。

　黎しん氏（浙江大学教授）は空気圧の回転により非接触搬送を行うボルテックスチャックの解析を行った。

　本入門書はこれらの研究結果を理解しやすい形でまとめたものであり，各氏に深謝する。

　本書で解説した研究の多くは日本フルードパワーシステム学会及び日本フルードパワー工業会の研究委員会、プロジェクトで行ったものであり、特に油空圧機器振興財団並びに SMC 賞審査会に深謝する。最後に圧縮性流体工学への方向性を示して頂いた故・浦田映三先生に感謝する。

参考文献

1．香川利春 ，北川能：特性曲線法における非定常層流圧力損失の高速高精度計算法 ，機論 (B) 49(447)，2638-2644，1983.

2．北川 能 ，香川 利春 ，竹中 俊夫：空気圧管路の過渡応答の特性曲線法による高速高精度計算法，計測自動制御学会論文集 20(7)，648 ～ 653，1984.

3．T. Kagawa: Heat transfer effects on the frequency response of a pneumatic nozzle flapper, Trans. ASME J. Dynamic Systems, Measurement, and Control, Vol.107, 332 ～ 336, 1985.

4．香川 利春 ，清水 優史 ，森田 矢次郎：ノズルフラッパを入力部とするノンブリード形空気圧パイロット弁負荷容量系の動特性に関する研究 ，計測自動制御学会論文集 21(5)，480 ～ 486，1985.

5．香川利春：空気圧抵抗容量系の動特性，油圧と空気圧 17(3)，39-46，1986.

6．香川 利春 ，清水 優史 ，森田 矢次郎：空気圧容器内壁面材の熱的特性が圧力応答に及ぼす影響 - 容器内空気と壁面材との熱の授受に関する理論的考察，計測自動

制御学会論文集 23(8)，870 ～ 872，1987.

7. 香川 利春 ， 清水 優史：動作圧の変化が空気用面積式流量計の特性に及ぼす影響，計測自動制御学会論文集 23(10)，1003 ～ 1008，1987.

8. 香川 利春 ， 清水 優史：空気圧抵抗容量系の熱伝達を考慮した無次元圧力応答 -- 空気圧抵抗容量系の絞りが閉塞状態を伴う場合のステップ応答 ， 油圧と空気圧 19(4)，306 ～ 311，1988.

9. 香川 利春 ， 清水 優史 ， 石井 良和：空気圧シリンダのメータアウト制御特性に関する研究 -- シリンダ内の空気温度変化の考慮 ， 油圧と空気圧 23(1)，93 ～ 99，1992.

10. 香川 利春 ， 星野 毅夫 ， 小山 紀 ， 清水 優史：圧縮性流体の管路容量系における非定常流れに関する研究 ， 計測自動制御学会論文集 28(6)，655-663，1992.

11. 清水 優史 ， 竜前 三郎 ， 香川 利春：微小カフ圧変動および血管体積変化の特性 ， 医用電子と生体工学 30(3)，208 ～ 214，1992.

12. 香川利春：人工筋アクチュエータの非線形モデル ， 計測自動制御学会論文集 29(10)，1241-1243，1993.

13. 香川利春：人工筋アクチュエータを用いたパワーアシスト回路，日本機械学会論文集C編 59(564)，2376-2382，1993.

14. 香川 利春 ， 藤田 壽憲 ， 山中 孝司：人工筋アクチュエータの非線形モデル，計測自動制御学会論文集 29(10)，1241-1243，1993.

15. 香川 利春 ， 清水 優史 ， 本田 勝也 ， 小山 紀：空気圧パイロット弁の非線形特性を考慮した電空ポジショナの特性解析，計測自動制御学会論文集 29(11)，1337-1341，1993.

16. 香川 利春：血圧計測，設計工学 30(2)，43-46，1995.

17. 潘 衛民 ， 香川 利春 ， 藤田 壽憲 ， 谷田部 義則 ， 大谷 秀雄：ガスガバナ性能評価のための負荷シミュレータ，シミュレーション・テクノロジー・コンファレンス発表論文集 1995，79-82，1995.

18. 藤田 壽憲 ， 潘 衛民 ， 松波 辰也 ， 香川 利春：調節弁ポジショナの外乱特性，計測自動制御学会論文集 32(6)，981-983，1996.

19. 川嶋 健嗣 ， 藤田 寿憲 ， 香川 利春：容器内圧力変化による圧縮性流体の流量計測法 ， 計測自動制御学会論文集 32(11)，1485-1492，1996.

20. 潘 衛民 ， 藤田 壽憲 ， 香川 利春 ， 谷田部 義則 ， 大谷 秀雄：ガス整圧器負荷シミュレータの開発 ， シミュレーション 15(4)，265-270，1996.

178

21. 潘 衛民 ， 藤田 壽憲 ， 清水 真也 ， 香川 利春 ， 大谷 秀雄 ， 谷田部 義則：パイロット弁付きガス整圧器の特性，計測自動制御学会論文集 33(3)， 195-202， 1997.

22. 藤田 壽憲 ， 奥村 英彦 ， 山田 忠治 ， 井上 信昭 ， 遠藤 慎二郎 ， 香川 利春：補助タンク付空気ばねにおける接続管路のばね特性への影響，日本機械学會論文集．C編 63(610)， 1920-1926， 1997.

23. 香川 利春 ， 張 志城 ， 潘 衛民 ， 藤田 壽憲 ， 榊 和敏：空気圧シリンダシステムの動作特性に関する研究 （サーボ駆動時のシリンダ室内空気温度変化について）， 油圧と空気圧 28(4)， 444-450， 1997.

24. 張 志城 ， 香川 利春 ， 藤田 壽憲 ， 大隅 雄三郎：静圧軸受け機構を利用した高速・精密位置決め用エアサーボテーブルの開発，油圧と空気圧 28(4)， 451-457， 1997.

25. 香川 利春 ， 加藤 達博 ， 藤田 壽憲 ， 内藤 恭裕：スリット型サイレンサの基本特性，油空圧講演論文集 9(2)， 60-62， 1997.

26. 渡嘉敷 ルイス ， 藤田 壽憲 ， 香川 利春：管路を含む空気圧シリンダシステムのシミュレーション ， 油圧と空気圧 28(7)， 766-771， 1997.

27. 藤田 壽憲 ， 渡嘉敷 ルイス ， 石井 良和 ， 香川 利春：メータアウト駆動時における空気圧シリンダの応答解析，日本油空圧学会論文集 29(4)， 87-94， 1998.

28. 渡嘉敷 ルイス ， 藤田 壽憲 ， 香川 利春：管路における空気の温度変化が空気圧シリンダ応答へ与える影響 ， 日本油空圧学会論文集 29(7)， 149-154， 1998.

29. 藤田 壽憲 ， 渡嘉敷 ルイス ， 池上 毅 ， 香川 利春：メータアウトで駆動される空気圧シリンダの速度制御機構 ， 計測自動制御学会論文集 34(11)， 1625-1631， 1998.

30. 川嶋 健嗣 ， 藤田 壽憲 ， 香川 利春：等温化圧力容器を用いた空気の非定常流量発生装置 ， 計測自動制御学会論文集 34(12)， 1773-1778， 1998.

31. 渡嘉敷 ルイス ， 藤田 壽憲 ， 香川 利春：空気圧シリンダのメータアウト速度制御時のスティックスリップ現象（第1報 摩擦特性とスティックスリップ現象）， 日本油空圧学会論文集 30(4)， 110-117， 1999.

32. 渡嘉敷 ルイス ， 藤田 壽憲 ， 香川 利春 ， 池上 毅：空気圧シリンダのメータアウト速度制御時のスティックスリップ現象（第2報 スティックスリップ発生条件）， 日本油空圧学会論文集 31(6)， 170-175， 2000.

33. 香川 利春：ガスの圧力制御とシミュレーション ， シミュレーション 19(3)， 216-219， 2000.

34. 藤田　壽憲 , 萬田　泰辰 , 原　靖彦 , 香川　利春：ピストン形空気圧バイブレータ
　　の非線形特性解析 , 日本機械学會論文集．C編 66(652), 3842-3848, 2000.

35. 蔡　茂林 , 藤田　壽憲 , 香川　利春：空気圧駆動システムにおけるエネルギー消費
　　とその評価 , 日本油空圧学会論文集 32(5), 118-123, 2001.

36. 遠藤　慎二郎 , 鵜川　洋 , 藤田　壽憲 , 香川　利春：大型車用エアオーバハイドロ
　　リックブレーキシステムの解析 , 日本油空圧学会論文集 32(5), 131-136, 2001.

37. 韓　保軍 , 藤田　壽憲 , 川嶋　健嗣 , 香川　利春：圧力条件が空気圧機器の流量特
　　性に与える影響，日本油空圧学会論文集 32(6), 143-149, 2001.

38. 温井　一光 , 小宮　勤一 , 香川　利春：流体温度測定プローブがオリフィス流量計
　　の差圧測定に与える影響 , 計測自動制御学会論文集 38(3), 233-238, 2002.

39. 蔡　茂林 , 藤田　壽憲 , 香川　利春：空気圧シリンダの作動における有効エネルギー
　　収支，日本フルードパワーシステム学会論文集 33(4), 91-98, 2002.

40. Maolin Cai, Kenji Kawashima and Toshiharu Kagawa: Power Assessment
　　of Flowing Compressed Air, Trans. ASME Journal of Fluid Engineering,
　　Vol.128, 402-405, 2006.

41. 香川利春：高速応答性に優れた層流形流量センサの開発，計装 46(8), 1-4, 2003.

42. 張　亜林 , 香川　利春 , 山本　徹 , 中田　毅：空気圧ノズル・フラッパシステムに
　　おける流体反力の影響，日本フルードパワーシステム学会論文集 34(3), 55-61,
　　2003.

43. 川嶋　健嗣 , 石井　幸男 , 舩木　達也 , 香川　利春：等温化圧力容器を用いた充填
　　法による空気圧機器の流量特性計測法，日本フルードパワーシステム学会論文集
　　34(2), 34-39, 2003.

44. 山本　円朗 , 藤田　壽憲 , 川嶋　健嗣 , 香川　利春：負圧領域における抵抗容量系
　　の空気圧応答，日本フルードパワーシステム学会論文集 34(5), 106-111, 2003.

45. 吉田　真 , 川東　孝至 , 藤田　壽憲 , 川嶋　健嗣 , 香川　利春：熱伝達を考慮した
　　ガスパイプラインのモデル化 , 計測自動制御学会論文集 39(3), 253-258, 2003.

46. 張　亜林 , 香川　利春 , 山本　徹：空気圧ノズル・フラッパシステムにおける流体
　　反力の影響 , フルードパワーシステム 34(3), 55 〜 61, 2003.

47. 川東　孝至 , 吉田　真 , 藤田　壽憲 , 香川　利春：ガス整圧器システムのシミュレー
　　ション，シミュレーション 22(3), 187-193, 2003.

48. 尹　鍾晧 , 井上　慎太郎 , 川嶋　健嗣 , 香川　利春：放射状すきま流れを用いた低
　　騒音減圧機構に関する研究，日本フルードパワーシステム学会論文集 35(5), 77-

83, 2004.

49. 加藤 友規 , 川嶋 健嗣 , 香川 利春：等温化圧力容器を応用した圧力微分計の提案 , 計測自動制御学会論文集 40(6), 642-647, 2004.

50. 舩木 達也 , 川嶋 健嗣 , 香川 利春：高速応答性を有する気体用層流型流量計の特性解析, 計測自動制御学会論文集 40(10), 1008-1013, 2004.

51. 舩木 達也 , 仙石 謙治 , 川嶋 健嗣 , 香川 利春：等温化圧力容器を用いた空気圧機器消費流量測定装置の開発, 日本フルードパワーシステム学会論文集 36(2), 39-44, 2005.

52. 王 涛 , 蔡 茂林 , 川嶋 健嗣 , 香川 利春：流量拡張表示式を用いた等温化放出法による空気圧要素の流量特性の計測, 日本フルードパワーシステム学会論文集 36(4), 102-108, 2005.

53. 山本 円朗 , 川嶋 健嗣 , 舩木 達也 , 香川 利春：1台のポンプによる正負空気圧発生用省エネルギ回路の提案 , 日本フルードパワーシステム学会論文集 36(4), 89-95, 2005.

54. 吉田 真 , 香川 利春：CIP法における非定常層流圧力損失の高速高精度計算法, 日本フルードパワーシステム学会論文集 36(4), 109-114, 2005.

55. 尹 鍾晧 , 村松 久巳 , 川嶋 健嗣 , 香川 利春：すきま流れを用いた低騒音減圧機構の可視化による考察, 日本フルードパワーシステム学会論文集 36(3), 59-65, 2005

56. 川嶋 健嗣 , 五十嵐 康一 , 小玉 亮太 , 加藤 友規 , 香川 利春：微細加工技術によるスリット型流路を用いた圧力微分計の開発, 計測自動制御学会論文集 41(5), 405-410, 2005.

57. 川東 孝至 , 香川 利春：都市ガス整圧器の開発におけるシミュレーション（製品開発とシミュレーション）, シミュレーション 24(3), 229-230, 2005.

58. 王 涛 , 蔡 茂林 , 川嶋 健嗣 , 香川 利春：準等温化圧力容器を用いた空気圧機器の流量特性計測に関する研究 ： 熱伝達を考慮した等温化放出法の温度補償の提案 , 日本フルードパワーシステム学会論文集 37(2), 15-23, 2006.

59. 舩木 達也 , 川嶋 健嗣 , 香川 利春：気体用連続非定常流量発生装置の開発, 計測自動制御学会論文集 42(5), 461-466, 2006.

60. 宮島 隆至 , 藤田 壽憲 , 川嶋 健嗣 , 香川 利春 , 榊 和敏：静圧軸受を用いた空気圧サーボテーブルシステムにおける空気消費量の考察, 計測自動制御学会論文集 42(3), 291-298, 2006.

61. 加藤 友規 , 川嶋 健嗣 , 澤本 晃一 , 舩木 達也 , 香川 利春：スプール型サーボ弁と層流型高速流量計を用いた空圧式アクティブ除振台の制御，精密工学会誌論文集 72(6)，772-777，2006.

62. 黎 しん , 徳永 英幸 , 蔡 茂林 , 舩木 達也 , 川嶋 健嗣 , 香川 利春：旋回流を用いた非接触搬送系に関する研究 ： 第1報 ボルテックス・チャックの基礎特性，日本フルードパワーシステム学会論文集 38(1)，1-6，2007.

63. 川嶋 健嗣 , 加藤 友規 , 山崎 俊平 , 香川 利春：気体用の超精密高速応答圧力レギュレータの開発 , 日本フルードパワーシステム学会論文集 38(2)，29-34，2007.

64. 五十嵐 康一 , 川嶋 健嗣 , 舩木 達也 , 香川 利春：微細熱式流速計を用いた圧力微分計の開発，計測自動制御学会論文集 43(4)，264-270，2007.

65. ハルス ラクサナ グントル , 蔡 茂林 , 川嶋 健嗣 , 香川 利春：差圧式漏れ計測装置の再現性に対する温度回復時間の影響 , 日本フルードパワーシステム学会論文集 38(4)，54-59，2007.

66. 浅野 誠一郎 , Guntur Harus Laksana , 竹内 智朗 , 若狭 匡輔 , 小林 敏也 , 香川 利春：高効率ガス供給システムに関する研究 ： 縦型容器の充填・放出（＜論文特集＞安全安心シミュレーション），シミュレーション 26(4)，205-211，2007.

67. 香川 利春 , 蔡 茂林：空気圧パワーの計測とエアパワーメータ，油空圧技術 47(1)，40 ～ 45，2008.

68. 黎 しん , 川嶋 健嗣 , 香川 利春：旋回流を用いた非接触搬送系に関する研究（第2報）スクイズ効果を考慮した動的モデリング , フルードパワーシステム 40(3)，43 ～ 49，2009.

69. 張 小剣 , 吉田 真 , 香川 利春：分岐・合流を有する圧縮性流体回路の特性，フルードパワーシステム 40(3)，50 ～ 55，2009.

索　引

著者紹介

香川 利春

所属：東京工業大学

1974 年東京工業大学卒業、東京工業大学助手、講師、助教授を経て
1996 年精密工学研究所教授 2016 年東京工業大学特命教授
中国 Zhejiang 大学客座教授、南京理工大学客員教授
自動制御、流体計測制御、生体計測など制御工学の研究に従事
○日本フルードパワーシステム学会元会長、日本シミュレーション学会元会長
○汎用圧縮機委員会、ISO6358 国際規格委員会委員、ISO ／ TC131 委員
○元日本機械学会標準事業委員会主査　　　　○ TC30 主査

蔡 茂林

所属：北京航空航天大学

1996 年北京理工大学修士課程修了、2002 年東京工業大学博士
2002 年東京工業大学精密工学研究所助手、
2006 年東京工業大学助教授を経て、北京航空航天大学教授
自動制御、流体計測制御、空気圧工学、特に省エネの研究に従事
○ 2003 年日本フルードパワーシステム学会論文賞受賞

初歩と実用シリーズ

圧縮性流体の計測と制御
－ 空気圧・ガス圧工学解析入門 －

平成 22 年 7 月 1 日発行　初版第 1 刷発行
令和 3 年 4 月 10 日発行　第 2 版第 1 刷発行
定　価　2,750 円（本体 2,500 円＋税 10%）《検印省略》
著　者　香川利春　蔡茂林
発行人　小林　大作
発行所　日本工業出版株式会社
　　　　https://www.nikko-pb.co.jp　e-mail:info@nikko-pb.co.jp
　　　　本　　　社 〒 113-8610　東京都文京区本駒込 6-3-26
　　　　　　　　　TEL：03-3944-1181　FAX：03-3944-6826
　　　　大阪営業所 〒 541-0046　大阪市中央区平野町 1-6-8
　　　　　　　　　TEL：06-6202-8218　FAX：06-6202-8287
　　　　振　　　替 00110-6-14874
■乱丁本はお取替えいたします。　　　　©日本工業出版株式会社 2010

ISBN978-4-8190-3306-0　C3053　¥2500E